学前教育专业规划教材

学前儿童行为观察与分析

XUEQIAN ERTONG XINGWEI GUANCHA YU FENXI

主　编　赵海燕　俞睿玮　徐跃东
副主编　汪伟伟　董　岱　顾志飞　莫　群
编　委　汪伟伟　陈　优　周家萍　岳　华
赵海燕　俞睿伟　徐跃东　顾志飞
董　岱　莫　群

西南师范大学出版社
国家一级出版社　全国百佳图书出版单位

图书在版编目(CIP)数据

学前儿童行为观察与分析 / 赵海燕,俞睿玮,徐跃东主编. — 重庆:西南师范大学出版社,2019.5(2022.1重印)
ISBN 978-7-5621-5774-8

Ⅰ.①学… Ⅱ.①赵… ②俞… ③徐… Ⅲ.①学前儿童—行为分析 Ⅳ.①B844.12

中国版本图书馆CIP数据核字(2019)第068125号

学前儿童行为观察与分析

XUEQIAN ERTONG XINGWEI GUANCHA YU FENXI

赵海燕 俞睿玮 徐跃东 主 编

责任编辑:熊家艳
责任校对:应 娟
装帧设计:尚品视觉 CASTALY 周 娟 钟 琛 何欢欢
排 版:王 兴
出版发行:西南师范大学出版社
地址:重庆市北碚区天生路2号
市场营销部:023-68868624
邮编:400715
印 刷:重庆俊蒲印务有限公司
幅面尺寸:185 mm×260 mm
印 张:13.75
字 数:239千字
版 次:2019年9月 第1版
印 次:2022年1月 第3次印刷
书 号:ISBN 978-7-5621-5774-8
定 价:39.00元

学前教育专业规划教材

ZONGXU 总序

党的十九大报告指出,我国社会主要矛盾已经转化为人民日益增长的美好生活需要和不平衡不充分的发展之间的矛盾。在学前教育领域,就是人们日益增长的对高质量学前教育的需要和学前教育质量不平衡不充分发展之间的矛盾。目前幼儿教师的专业性薄弱成为制约学前教育发展的关键因素。为了满足社会对优质学前教育人才的需要,我国必须建立健全应用型学前人才培养机制。2010年,《国务院关于当前发展学前教育的若干意见》中指出"师资队伍不健全"是学前教育薄弱环节的主要表现之一,提出要"完善学前教育师资培养体系";2014年,《国务院关于加快发展现代职业教育的决定》再次强调:"在学前教育、护理、健康服务、社区服务等领域,健全对初中毕业生实行中高职贯通培养的考试招生办法。"可见,师资培养已经成为当前学前教育发展的重中之重。

教材建设是幼儿教师教育改革的重要环节,直接影响着未来幼儿教师的专业素养。我们立足于学前教育师资培养的实际,着眼于夯实学生的基本理论和基本能力,培养符合时代要求、具有良好专业素养的新型幼儿教师,力求体现时代性、科学性和实践性,组织编写了本套教材。教材的特色体现在以下几个方面:

1.编写队伍上,阵容强大,经验丰富

本套教材的主编、副主编及参编人员来自各级各类院校、教研机构以及一线名园,均长期从事相关专业工作,有着扎实的理论基础和丰富的实践经验。

2.内容选择上,以生为本,适应学情

教材编写强调以学生为中心,融合“教材即学材”的理念,符合职业教育的培养目标与学生认知规律,适应学生的学习能力和自主学习的需要。

3.呈现形式上,创新模式,易教利学

融入多种板块(如学习目标、学习重难点、知识结构图、案例导入、本章小结、思考与练习)和学习材料(资料链接、人物介绍、拓展阅读),部分学科采取以项目执行来设置教学单元,增强了可读性,易教利学。

4.配套资源上,立体建设,拓展资源

配合教学中的教、学、做、测各环节,采用不同的技术手段,开发了多样的教学资源,具体包括PPT、典型案例、题库、名师名课视频等等,为教学提供全面支持。

总之,本系列教材注意了课程结构,反映了各门课程结构之间的联系和衔接,内容分配合理,既相互联系又相互区别,在帮助学生尽快掌握幼儿教育的基本理论和从事幼儿教育工作最基本的工作技能等方面做了有益的探索。

最后,要感谢参与本系列教材编写和审稿的各位老师所付出的大量辛勤劳动,也要感谢西南师范大学出版社职业教育分社的编辑们对本系列教材的支持和编辑工作。由于编写时间紧、人员能力有限等原因,本套教材还存在一些不足。在使用本教材的教师和学生的关心和帮助下,我们会不断改进和完善这套教材,促进我国学前教育专业的教学改革和课程建设,提高人才培养质量,进而促进学前教育质量的提升。

杨晓萍

2018年6月

QIANYAN 前言

“发现儿童、关注儿童、尊重儿童、倾听儿童”成为当下幼儿教育工作者的重要指导理念，为了更好地因材施教，需要深入地对儿童进行研究。幼儿教育工作者的智慧来源于对儿童真正地理解，而真正地理解是基于对儿童行为观察与分析，这样才能采取符合儿童发展需要的教育行为，也才能做到以儿童发展为本，使教育达到可喜的效果，以促进儿童全面性、整体性的发展。

《学前儿童行为观察与分析》一书共分六章：第一章“学前儿童行为观察与分析概述”主要讨论了儿童行为、专业观察基本的概念与内涵，儿童行为观察与分析的特点与意义等基本问题；第二章“学前儿童行为观察与分析的准备”主要讨论了观察者应具备的专业知识和基本能力，以及观察实施的一般过程；第三章“学前儿童行为观察与分析的内容”主要讨论了常规生活活动、教学活动、游戏活动观察与分析的主要内容；第四章“学前儿童行为观察与分析方法”主要阐述了观察研究方法，如描述观察法、取样观察法与评价观察法等，并对数据分析的一般程序和要求以及方法进行了探讨；第五章“学前儿童行为观察与分析的结果”主要讨论了肢体行为、语言行为、社交情绪行为、习惯行为等四个方面的儿童行为；第六章“学前儿童行为观察与分析结果的运用”主要讨论了运用观察与分析结果的原则以及指导与矫正儿童行为的榜样示范法、积极强化法、行为塑造法、系统脱敏法、代币制法、行为消除法等方法。全书特别注重实用性、可操作性，内容理论联系实践，大量案例有利于学生深入地理解相关知识，同时结合幼儿教师资格证考试大纲的要求，配合相关练习，有利于快速提高学生的学习效果。

全书由浙江省湖州师范学院赵海燕老师统筹安排、浙江省诸暨市职业教育中心董岱老师、四川省南充师范学校顾志飞老师、浙江省湖州师范学院俞睿玮老师、河南省安阳幼儿师范高等专科学校汪伟伟老师、山东省聊城莘县实验幼儿园岳华老师、重庆人文科技学院陈优老师、贵州省遵义电视广播大学徐跃东老师、浙江省桐乡市大麻镇中心幼儿园周佳萍老师和湖南幼儿师范高等专科学校莫群老师共同撰写。第一章赵海燕，第二章董岱，第三章顾志飞，第四章俞睿玮，第五章第一节和第二节汪伟伟，第五章第三和第四节岳华，第六章第一节陈优，第六章第二节徐跃东、周佳萍。书后真题与模拟题由赵海燕、汪伟伟、俞睿玮老师和莫群老师共同收集和整理。全书由赵海燕、徐跃东、汪伟伟老师共同校对、调整、修改。

本书适合学前教育专科、本科学生学习使用，也适合幼儿园教师学习和提高，为幼儿教师资格证考试复习提供参考。但由于编写人员水平有限和编写视角的差异，不可避免地存在一些疏漏和错误，还请大家原宥！

MULU 目录

第 1 章
学前儿童行为观察与分析概述

小秋拿了很多橘色的雪花片，慢慢地搭出了一个机器人的形状。小秋拿着“机器人”手舞足蹈地玩，“机器人”一会儿飞上天，一会儿在桌子上行走。她拿着“机器人”对旁边的乐乐说：“我的‘机器人’会喷火，你看你身上都是火。”小秋说着嘴里就发出“呼——呼——”的声音。乐乐听小秋这么说，又看了看小秋手里橘色的雪花片，说：“水可以灭火。”然后他拿起手里蓝色的雪花片说：“我这里有水，但是我的水不多了，我得多找点水才能灭火。”说完他又从筐里拿了些蓝色的雪花片拼起来。

【学习目标】

1. 知识目标：了解儿童行为、观察、儿童行为观察的含义，以及儿童行为观察与分析的意义；理解并掌握儿童行为、观察、儿童行为观察的特点；掌握专业观察应遵循的基本原则。

2. 技能目标：能分辨不同类型的儿童行为观察活动，掌握儿童行为观察的技巧。

3. 情感目标：乐于观察儿童行为并进行记录与分析。

【学习重点】

1. 掌握观察、儿童行为观察的特点，儿童行为观察的技巧和专业观察应遵循的基本原则。

2. 能分辨不同类型的儿童行为观察活动。

【知识结构图】

- 学前儿童行为观察与分析概述
  - 儿童行为
    - 行为与儿童行为
    - 儿童行为的特点
  - 专业观察
    - 观察的含义与类型
    - 专业观察的基本原则
  - 儿童行为观察与分析
    - 儿童行为观察与分析的特点
    - 儿童行为观察与分析的意义

第一节
儿童行为

学前儿童的行为发展是其发展的重要内容。在幼儿园里，了解儿童行为是进行环境创设，组织教育教学活动、游戏活动与生活活动的重要依据，更是与儿童进行交流、了解儿童的重要途径。

一、行为与儿童行为

（一）行为

行为指“受思想支配而表现出来的活动”①。一个人的行为是其思想意识的外部表现。人们可以通过某个人的行为理解这个人的思想，认识这个人的品质。

从心理学来说，行为有狭义和广义之分。狭义的行为可理解为一个人的举止、动作、行动等，如吃饭、睡觉、写字、画画、放风筝等活动中的行为都是外显的，这些活动中的行为都是可以被直接观察、描述、记录或测量的。广义的行为可理解为可被直接观察、描述、记录或测量的活动中的行为表现，以及这些行为表现所蕴含的个体心理活动或心理过程。因此，广义的行为包括非直接可观察的个体的动机、思维、情绪、知觉、态度等。必须注意的是，同样的行为不代表同样的心理活动，并不是所有的内在心理活动都可借由外在行为来推知。如两名儿童在幼儿园早操活动时不认真做操，这两名儿童同样的行为背后却有着不一样的原因：一名儿童是因为想去观察操场边花坛中的植物，另一名儿童则是因为总想着把手里捏着的糖果送给老师。

综上，行为是个体的言行举止，是个体可以被观察到的所有举止表现，以及通过这些举止表现所推知的心理活动或心理过程。

① 中国社会科学院语言研究所词典编辑室.现代汉语词典[W].7版.北京：商务印书馆，2016.

行为一般具有三个特点：

(1)行为以活动为载体。所有外在的行为都是以活动为载体的，例如：刷牙行为包含在刷牙活动中，而刷牙活动是由准备牙刷的行为、准备水杯的行为、接水的行为、挤牙膏的行为、漱口的行为等组成的，是一系列行为的连续体。

(2)行为是受环境影响的。人在环境中受到来自环境的各种影响，人的外显行为与环境有着绝对的关系，人总是在环境各种各样的刺激下变换着行为。虽然不是所有的刺激都会被人接受，但被选择和接受的刺激会进入人的知觉系统，影响人对外界的判断，并由此产生相应的行为动作。

(3)行为受个体思想意识的支配。从心理学的角度来说，人的行为有“意识”(consciousness)与“潜意识”(unconsciousness)两个部分。意识范围内的行为也有外在与内在之分。对学前儿童来说，其年纪小，经验积累不足，口语表达能力还处于初步发展时期，不具备书写表达能力，因此我们无法期待学前儿童自己表述心理活动，所以对学前儿童行为的认识与理解需要通过成人的观察。

(二)儿童行为

儿童行为是指儿童在活动中表现出来的所有言行举止，以及通过儿童的行为举止推知的心理活动或心理过程。儿童行为与儿童发展有着密不可分的关系，儿童的发展包括四个部分：身体动作(包括粗大的和精细的运动技能)、智力(包括认知)、语言及社会性、情绪情感。为了更好地理解儿童行为，必须首先掌握儿童发展相关的理论知识。没有这些相关知识，我们会常常误解儿童的行为。这不仅给教育带来巨大的阻碍，也给儿童的生活带来许多困扰。要理解儿童行为，首先要学习观察儿童行为。

行为可以在自然的情境中观察到。

行为发生的时候，可以被记录下来或编码。

记录行为的观察者是客观的、无偏向的。

行为用清晰、明确的术语来描述，无须或几乎不需要观察者的介入。①

这样，我们在不干扰或改变被观察者的行为的前提下观察儿童行为，并把所观察的内容客观地描述或记录下来，进行科学分析，就可以更好地理解儿童的行为。

① Carole Sharman, Wendy Cross, Diana Vennis. 观察儿童：实践操作指南：第3版[M]. 单敏月，王晓平，译. 上海：华东师范大学出版社，2008.

二、儿童行为的特点

学前儿童由于年龄小，在语言、动作、思维、身体等方面的发展上有巨大的限制，其行为不容易被成人理解，从而造成教师在教育方面存在很多失误或是错误，对学前儿童的发展十分不利。

（一）儿童行为受限于语言表达能力的发展

学前儿童学习与运用语言存在多个阶段。学前儿童的语言表达能力尚未发展完全，常因语言表达能力弱而无法清楚地表达自己；学前儿童还未学习文字，也不具备书面表达的能力；学前儿童经验少，思维发展还处于初级阶段，对事物的认识、理解十分有限，所以常常存在无法表达或词不达意的现象。另外，学前儿童的情绪情感、动作等发展处于初期（其情绪情感具有外显性，动作控制能力较低），行为不稳定的情况比较普遍。因此，理解儿童行为需要较长时间的观察、耐心细致的分析与思考。

案例分析

户外活动时，3岁的瑞瑞拿着皮球。铛铛也要玩，于是就抢了瑞瑞的皮球。瑞瑞不肯给就抓住了铛铛的手，铛铛眼看得不到皮球就一口咬在瑞瑞的手上。瑞瑞被咬疼了，“哇”的一声，大声哭了起来。老师马上赶过来，见此情况一把抱住瑞瑞，安慰他说：“不哭了，不哭了，我们瑞瑞最勇敢了。”老师看着呆呆站在旁边的铛铛说：“以后可不能这样了。”老师安慰瑞瑞，而铛铛跑开了。老师便问瑞瑞是怎么一回事，瑞瑞只说铛铛咬了他，事情的发展经过却无法说清楚。

案例分析：案例中的两名儿童出现抢玩具行为，受情绪影响较大，但由于儿童的语言表达发展水平较低和语言表达经验不足，因而无法顺利地表述事情的经过。

（二）学前儿童的动作未完全分化

学前儿童的肢体动作尚未完全分化，无论是高兴还是生气，外部表现都有可能是大喊大叫，不管是生气还是愤怒，可能都会躺在地上打滚儿。因此，必须仔细观察学前儿童肢体动作的细节，了解其行为发生发展的过程，才能真正地理解儿童的行为,绝不能只看表面的动作或一时的行为状态。

婷婷两岁半了,一天在幼儿园混龄游戏中看到洼洼(四岁)手里拿着玩具小汽车,便走上前就把小汽车夺走了,然后自己开开心心地玩了起来。洼洼愣了一会儿走到婷婷身边说:"你怎么拿我的小汽车?还给我!"婷婷不解地看了看他,然后继续玩着小汽车,洼洼去拿,和婷婷拉扯起来……

老师后来在与婷婷的交流中发现,婷婷其实是想和洼洼一起玩,但由于她的动作发展未分化,语言表达能力又没有发展完全,不能很好地和洼洼交流,造成洼洼以为她抢夺玩具这一误会。

案例分析

在快要吃午饭时,趁着保育老师分餐具,王老师打算给小朋友们讲一个故事。这时乐乐坐不住了,动来动去,一会儿站起来,一会儿弄弄旁边的小朋友。琪琪就告状了:"老师,乐乐他推我!"王老师马上就大声地批评乐乐:"其他小朋友都很乖,每次都是你!"乐乐听了王老师的话什么也没说,就安静下来了。

案例分析:王老师没有系统地观察乐乐的行为,没有去了解乐乐行为产生的原因,更没有去询问乐乐。而乐乐也不可能意识到自己应该主动对自己的行为进行解释,但即使乐乐意识到应该主动解释自己的行为,也可能解释不清楚。这就造成王老师给乐乐的行为贴上标签的现象,这对乐乐的发展是十分不利的。其实,乐乐的动作发展未分化,好动是其行为表现的一种方式。因此,在分析儿童行为时,必须了解儿童行为发展的特点。

(三)学前儿童的情绪自我中心化

学前儿童还无法控制自己的情绪,常以自我为中心,不能进行换位思考,因而常常出现与其他儿童争执的情况。但儿童的情绪来得快,去得也快,两名儿童前一分钟还争得面红耳赤,后一分钟又和好如初的现象时时发生。因此,我们不能只以情绪表现来随意判断学前儿童的行为。

案例分析

圆圆在开心地拼玩具，嘴里还念念有词："我要拼一个消防车，你看，好长好长，我要拼好长好长的。"坐在圆圆旁边的丁丁就笑嘻嘻地说："你这样拼得一点儿也不像，不是消防车嘛！"圆圆反驳道："就是消防车，我的消防车很快就要去救火啦！"说着圆圆从小筐里继续找雪花片，拼在消防车的前端，一点点加长。圆圆说："你看这个是它的云梯，很快我的消防队员就能够到火花了！"但是雪花片很长，圆圆在拼的过程中不小心弄断了。果果将断掉的雪花片放在小筐里，小云趁机把断掉的雪花片一片一片拆开，然后果果和小云一起哈哈大笑。丁丁看到了也学果果和小云一起拆雪花片。圆圆生气了，就去拿旁边丁丁手里散落的雪花片："这是我的！"丁丁手握着拆了的雪花片不肯给，圆圆就生气了，用力从丁丁手里抢过雪花片，并用力推了丁丁一下，把丁丁推倒了。丁丁倒在地上哭了，圆圆没有注意到，他忙着把抢回来的雪花片拼在自己的消防车上。

案例分析：圆圆全身心投入在自己的游戏中，他的一切行为都是围绕着怎么把消防车拼装好。对于破坏他游戏的行为他感到生气，因而产生冲突行为，但圆圆并未注意到冲突行为带来的后果，而是沉浸在自己的游戏里，其行为是以自我为中心的。

（四）学前儿童有其独特的行为模式

每名儿童都是独特的存在，都有自己区别于其他儿童的独特的行为方式，比如：有的儿童喜欢汽车，有的儿童喜欢洋娃娃，有的儿童喜欢与其他儿童一起做游戏，有的儿童喜欢安静地看书等。因此，我们在观察儿童的行为，推知儿童的心理活动或心理过程时，不能用同样的标准去判断，而应尊重每一名儿童的个体差异，仔细地去观察每一名儿童的行为，找到其比较稳定的行为方式，从而发现其独特的行为模式。

案例分析

中午吃过午饭后，老师带着小朋友们来到户外滑梯旁进行室外活动。老师说："我们今天的活动项目是先从白色扶梯走上去，通过铁索桥，然后从木楼梯走下来，看看哪个小朋友能通过自己的力量完成这个小关卡！”说完，许多小朋友都快步走向白色扶梯。大宝也不甘落后紧紧跟着大部队，但走到晃动的第一块木板时，他的两只手紧紧地抓住两边的扶手，然后顺利地“堵”在了铁索桥上。后面的小朋友很兴奋，便开始催促他，让他快一点，这时候大宝有些紧张了，小脚不肯往前迈一步。老师看到后就劝说：“后面的小朋友要有耐心，因为大宝有些害怕，所以大家不要催，让大宝慢慢走。”可大宝还是有些迟疑，老师便说：“大宝，老师扶着你的腿，这样子就不怕了，你往前走走试试。”大宝半信半疑地往前走，感觉没有之前那么害怕了，小脚便开始移动，两步之后步子也变快了，不一会儿就到达了终点。他走到终点的时候，老师说：“大宝真棒！”大宝也说：“大宝真棒！”走下木梯后他没有选择再走一遍，而是坐在旁边的小木马上玩了起来。因为小宝（大宝的龙凤胎妹妹）站在铁索桥前始终不敢走，于是老师希望大宝给妹妹做个示范。大宝一下就答应了，走到铁索桥前，他朝着老师说：“老师，你握着我的脚可以吗？”“那我握着你的脚，你怎么给妹妹展示呀？大宝很棒的，刚刚就已经走过一遍了，不怕的。”“那你先扶着我一会儿可以吗？”老师答应先握着他的脚，当他集中注意力往前走的时候，老师偷偷地把手松开了，大宝顺利地自己走了过去！这一遍后，大宝乐呵呵地跑到老师跟前说：“老师，我能自己过去了，你看，我不怕了。”说着大步走上扶梯，然后一步一步又走过了铁索桥，边走边说：“老师，你看我厉不厉害？”老师说：“我们大宝最厉害了！自己都可以过铁索桥了，是妹妹的好榜样了呢！”大宝听了十分得意。

案例分析：大宝是一个自信心不是很足的孩子，在冒险和挑战面前他有些害怕，这表现在两次过铁索桥的行为上。老师第一次帮助和鼓励了大宝，使他顺利通过了铁索桥。老师鼓励大宝走第二次，这时大宝仍觉得害怕（这是大宝的行为模式），老师再一次帮助和鼓励了大宝。大宝顺利通过后，希望得到老师的鼓励，老师鼓励大宝后，他的自信心明显增强不少。

分析儿童行为，不仅需要学习儿童发展的相关知识，还需要掌握儿童行为发展的特点，这样才能比较全面地理解儿童的行为，也才能为引导儿童发展做好准备。

思考与练习

睡觉风波

中午吃过饭后，小朋友们看了一会儿图画书便纷纷上床睡午觉了。小朋友午睡的时间是12:00—14:00，大多数小朋友在12:30左右都能入睡，只有极个别的小朋友依然睁着大眼睛，眼珠咕噜咕噜地转着，洋洋也是其中一个。这几天老师发现洋洋基本没有睡过午觉，两个小时的时间都在床上自娱自乐。他今天依旧没有午睡，而且影响到了其他小朋友，在床上动来动去，还唱起了歌。老师一而再再而三地提醒他，可是并没有任何作用，他依然沉浸在自己的世界里。于是老师决定去掉他的一朵小红花作为惩罚，并且告诉他如果能乖乖睡觉，就把小红花还给他。当老师去掉洋洋的小红花时，他的情绪变得特别激动，开始大哭起来，一边哭，一边说："我不要，你为什么要去掉我的小红花？"老师说："你不乖乖睡觉还影响其他小朋友呀。"洋洋仍然不听，也没有因为少了小红花而安静下来，而是一个劲儿地哭，一个劲儿地闹，嘴里还说着："老师，我恨你，我就不睡。"吵闹声太大，好多小朋友都被吵醒了。老师就把他抱出休息室好好和他交流，可是发现没有任何作用，他仍然哭哭闹闹。

请分析洋洋小朋友的行为，并对老师的教育行为进行分析，提出自己认为可行的教育策略。

第二节
专业观察

一、观察的含义与类型

(一)观察的含义

观察在日常生活中一般指仔细察看。在科学研究中,观察是人类认识周围世界的一个最基本的方法,也是从事科学研究(包括自然科学、社会科学、人文科学)的一个重要的手段。观察不仅仅是人的感觉器官直接感知事物的一个过程,而且是人的大脑积极思维的过程。①无论是生活状态中的观察还是科学研究中的观察,都应该包括以下要素。

1. 注意

注意是指个体的感官及思维都集中在某一事物上,个体所有的感知觉、思维和动作都围绕观察对象,也可能因为观察对象产生内心体验。可见,观察是一种注意状态伴随的活动。

2. 观察对象及其环境

任何观察都是基于个体对观察对象进行观察的活动,没有观察对象,观察活动也不可能产生。在观察活动中,注意首先指向的是观察对象。当然,注意也可能指向活动中除观察对象外的环境。环境是观察对象在观察活动中所处的特定状态的依托,因为观察对象不可能脱离环境而单独存在,并且观察对象在不同的环境中其状态也可能不同,所以环境也是观察活动的重要因素。

① 陈向明.质的研究方法与社会科学研究[M].北京:教育科学出版社,2000.

3. 主观参与、描写与记录

主观参与是指个体在观察活动中其主观的内在动机、需要、情绪情感及价值判断的参与过程。虽然我们力求在观察活动中客观、真实地去描写与记录观察对象的情况，但因个体差异，观察者一般无法做到完全、绝对客观地参与整个观察过程，特别是在描写和记录观察事实时，常常因个体的主观参与而带有情感色彩。如某一观察描写：两个小女孩儿在一起开心地看书，左边的小女孩因为看不清楚，就把书往左边挪了一点儿，右边的小女孩很生气，就把书拿走了。观察者的主观参与在这则观察描写中表现得十分充分，观察者将情绪情感融入了对观察事物的描写中。当然，观察者还可以通过多种手段来对观察对象进行记录，如录音、摄像，用于事后分析。

4. 分析、判断及结论

对任何事物的观察最后都必须实现观察目的，这就需要对观察材料进行整理、归纳、分析、判断，并最后得出结论。没有通过整理、归纳、分析、判断而得出的结论是不科学的，没有结论的观察是不完整的。观察可能不能验证假设，或得出与假设不相关的其他结论，或是结论还需要进一步验证，这些情况都可能存在。

（二）观察的类型

观察一般分为日常生活中的普通观察和专业研究中的专业观察。

1. 普通观察

普通观察也可称为日常观察、一般观察，是指人们为了维持日常的生活、学习、工作所进行的观察活动，具有非持续性、非系统性和非专门性的特点。如：杯子里的水冒出很大的热气；旁边一米处是万丈悬崖；一辆大卡车向着人行道冲过来；等等。

普通观察是极为重要的，与人们的生活相依相伴。儿童出生后通过看、听、闻、摸、尝来认识周围的环境，通过观察来进行模仿和学习，从而掌握各种生存的本领；父母需要观察才能知道婴儿是饿了、渴了，还是身体不舒服了；人们需要通过观察了解自然环境和社会发展；人们在社会交往过程中需要通过观察才能知道怎么与人相处；人们需要通过观察才能在刷牙、洗脸、购物、走路、乘车等过程中避免失误甚至重大事故的发生；人们需要通过观察工作对象来及时调整工作方案；等等。普通观察在人们的生活中时时处处都发生着。人们通过观察获得内心体验，在种种感悟中不断积累经验并逐渐形成个体的人生观、世界观、价值观。观察成为指导人们生活、学习、工作的根本依据，可见，观察对人们正常的生活起着举足轻重的作用。

2. 专业观察

专业观察也可称为科学观察、专门性观察。专业观察是指为了达到职业要求或科学研究的目的，设计、运用科学研究观察方案，有目的、有计划、系统地对观察对象进行观察，然后进行描写、记录或测量并获得观察结果的过程。专业观察是具有学科性、严密性、规范性的一种活动，其观察方案的设计与运用应符合学科要求，遵循学科发展的逻辑和学科研究范式，与日常生活中的普通观察不可同日而语。一般来说，专业观察的方案、过程、结果都需要经过科学检验、实事验证才能在实践中应用，也才能对职业和学科发展有所助益。

专业观察需要遵循一般观察的步骤：第一，需要对观察的问题或变量进行操作性定义，以规定观察要素的属性，明确观察对象；第二，需要明确观察工具，用以分析和判断观察资料，获得观察结果；第三，需要对观察要素，如目的、时间、地点、对象、设备、记录 、步骤、过程等进行说明或规定；第四，需要确定如何对收集的资料进行整理、归纳、分析、推理、判断，还需要对所下判断进行检验，以便获得科学的结论。

案　　例

大班幼儿游戏中合作行为观察方案

一、观察对象

大班幼儿

二、观察目标

幼儿游戏中合作行为

三、观察步骤

1. 设计观察方案，选用分析工具

2. 联系幼儿园，确定观察班级、时间

3. 实施观察，进行观察记录、描述或测量

4. 整理、归纳、分析观察资料

5. 获得观察结果

四、观察工具

1. 观察记录表

表1-1 观察记录表

合作类型	合作方式	男男合作	男女合作	女女合作	合计
单向控制型的合作	命令				
	威胁				
	告状				
	利诱				
	妥协				
	判断评价				
双向分享型的合作	解释说明				
	讨论				
	协商				
	运用补偿				
	轮流等待				
主动发展型的合作	邀请				
	主动帮助				
	寻求帮助				
	提醒				
	主动搭讪				
	建议				

2. 观察判断依据

单向控制型的合作：

(1)命令：幼儿使用果断的语气告知同伴要做什么或回应同伴的问题。

(2)威胁：幼儿通过不好的方式恐吓对方，使对方改变想法顺从自己一起完成目标。

(3)告状:在游戏中幼儿之间意见不统一,其中一方或双方向老师告状。

(4)利诱:一方为了达到活动目标,使用满足另一方的个人需要的办法,如承诺一定的条件。

(5)妥协:合作中的一方主动或被动做出让步来配合另一方实现共同的目标。

(6)判断评价:用果断的语气告诉对方自己对游戏的观点。

双向分享型的合作:

(1)解释说明:一方向另一方说明自己这么做的原因。

(2)讨论:合作的双方对游戏中的某一问题进行研究和探讨。

(3)协商:幼儿使用商量、委婉的语气或办法与同伴来合作。

(4)运用补偿:幼儿在与同伴共同游戏时,由于影响到对方而采用满足对方其他需求的方法得到同伴的谅解并与其继续进行合作。

(5)轮流等待:为了达成幼儿个体或幼儿群体的共同目标,幼儿依照一定的顺序轮流使用游戏材料或场地。

主动发展型的合作:

(1)邀请:幼儿主动请同伴来进行游戏,双方有共同的合作目标。

(2)主动帮助:幼儿在看到同伴玩游戏遭遇困难时,主动通过行动或交流帮助同伴解决困难。

(3)寻求帮助:幼儿向同伴发出希望他能帮助自己的请求,完成合作。

(4)提醒:幼儿通过语言或行为,提示对方让其知道自己的问题。

(5)主动搭讪:幼儿主动加入正在进行的活动,尽力在语言和行为上与其他人的目标保持一致。

(6)建议:针对游戏中的问题,幼儿提出自己的意见,用语言告诉别人应该怎样做。

教师介入大班幼儿同伴冲突行为观察方案

二、专业观察的基本原则

(一)目的性原则

观察目的是观察活动进行的指南,决定着观察活动的发展方向,也决定着观察活动的使命。观察方案的设计、观察过程的进行、观察资料的收集、观察结果的分析等都必须围绕着观察目的展开，并以观察目的为基本导向。

（二）客观性原则

研究者在儿童行为观察与分析的过程中，自身主观因素常常会影响观察与分析。为了获得更真实、更科学的观察结果，在观察过程中研究者应坚持客观性原则，力求客观地呈现观察信息，并客观地对观察信息进行分析。

（三）稳定性原则

由于儿童行为的发展存在不稳定性，极易受情绪、环境等因素的影响，因此，观察的行为很可能只是儿童一时情绪不稳定情况下的过激行为。为了能够观察到儿童日常生活中的行为发展水平，一般需要经过一段时间的跟踪观察。这样，收集到的信息比较稳定，所获得的结果更接近真实情况。

（四）系统性原则

专业观察是为了某一专业目的，收集与此目的相关的所有信息，经过反复验证，获得专业观察的结果，并以此结果对相关的专业问题进行回应的一种研究方式。因此，专业观察自成一个系统，系统地观察才能得出系统的结果。

案例分析

某天的午餐有虾，小班幼儿由于生活自理能力较差，所以还不会剥虾。主班老师和保育员老师帮小朋友们剥虾。在还没有轮到辰辰的时候，辰辰拿着勺子挖白米饭吃。吃了两口之后，他就用小手攥着虾的胡须，把虾拎得老高，晃来晃去，嘴里时不时发出笑声：“哈哈哈哈，开飞机咯！开飞机咯！我是汪汪队特工 。”玩了一会儿，辰辰停下来又开始吃饭。这个时候，坐在辰辰旁边的小宝问：“白米饭好吃吗?”辰辰点了点头。保育老师在分饭的时候，不小心落了一些米饭在桌子上，小宝就捡起掉在桌子上的白米饭，粘在了自己的脸上，对辰辰说道：“我长白胡子了，像白胡子老爷爷。”辰辰看到后，也把碗里的米饭拿出来往自己的脸上粘。两个人嘿嘿地笑了起来，用小手挖着碗里的米饭，然后往自己脸上粘。一会儿，老师终于来到辰辰这一组帮助他们剥虾。辰辰还在拿白米饭玩。老师看到辰辰脸上粘着白米饭，对辰辰说：“白米饭怎么能用来玩呢？快拿下来。”

案例分析：游戏是儿童的天性，儿童会在各种各样的情境下创造自己感兴趣的游戏，也反映出辰辰和小宝具有创编游戏的能力。不过这是在吃饭时等待剥虾的情境下发生的以虾扮演飞机的游戏，而桌面的饭粒又引发了白胡子老爷爷的角色扮演游戏，这是多种外因与儿童创编游戏的内驱力相互作用的结果。相反，如果不是在这种特定情境中，儿童能否创编游戏还不能一概而论。而且，如果在任何情境中，儿童都去尝试创编游戏的话，就要考虑儿童自身注意力发展等问题了。因此，观察与分析儿童行为从来不是一蹴而就的，只有通过长时间的观察，才能比较系统地了解儿童行为发展的情况。

思考与练习

学画画

老师带着小朋友们一起学画小鸡。莹莹拿到画纸和画笔的时候，就开始左顾右盼，一会儿摸摸自己的头发，一会儿看看别的小朋友，就是不下笔画画。果然，不出一会儿，莹莹说："我不会画。"说完把笔一扔。老师假装没有听到。过了一会儿，莹莹发现老师没有理她，而是在和别的小朋友讨论画画的事。莹莹又看了看别的小朋友，很多小朋友都已经快画完了，这个时候莹莹开始急了，哭了起来。

请分析莹莹小朋友的行为。

第三节
儿童行为观察与分析

一、儿童行为观察与分析的特点

(一)儿童行为观察与分析的优点

1. 真实性

儿童生理、心理、社会性等各方面的发展都处于起步阶段,因此,在对儿童行为进行研究的过程中,实验法、调查法(问卷、访谈等)等研究方法都是不能直接使用的,而要较多地使用观察法对儿童行为进行研究。观察法特别注重儿童行为的发展与变化,要求对儿童真实行为进行记录。研究者不对儿童行为进行干涉,避免了儿童为取悦研究者而出现与自身想法不相符的行为,也避免了研究者对儿童进行暗示的情况。

2. 适宜性

观察法在运用中并不对儿童行为进行干涉,也不要求儿童做出行为反应,这样对儿童行为的观察更自然。同时,由于儿童的注意力、观察力正处于发展初期,生活经验也比较少,对受到成人观察和注意不会有很强烈的感受,基本上不会出现排斥现象,观察者更容易获得真实可靠的观察结果。而实验法、调查法等研究方法在运用的过程中可能由于儿童的实际情况出现各种误差,不能获得真实结果,因此,观察法相比其他方法,更适宜运用在对儿童行为的研究中。

(二)儿童行为观察与分析的不足

1. 表面性

儿童行为观察与分析是通过对儿童语言、动作行为、面部表情等外部行为表现进行观察而获得研究资料,并对研究资料进行分析以获得研究结果的过程。观察者自身也是通过主观的感受进行资料收集,而观察的内容也是观察对象外在行为的表现情况。因此,无论是在观察中还是在观察结果的分析中,都很难深入儿童内心了解其真实想法,所以观察的结果就不可避免地存在表面性的问题。

2. 时效性

儿童的发展是一个不断反复和前进的过程。不稳定性是儿童行为发展过程中必然长期存在且不可忽视和不可跨越的重要特性之一。儿童行为的不稳定性表现在行为意识的反复、行为态度的反复、行为表现的反复等多方面。比如:妈妈告诉孩子,要把垃圾扔在垃圾桶里。孩子当时记住了,也这样做了,不过一会儿他就忘记了,又把垃圾随手扔掉。这时候,妈妈看到了,又告诉孩子要把垃圾扔在垃圾桶里。这样反复多次后孩子基本上能够做到。儿童行为发展的不稳定性对儿童行为观察与分析提出了挑战。儿童的行为发展水平不能以某一时间点的行为表现为判断依据,而是需要通过较长时间的观察才能确定。儿童是不断发展的个体,其行为水平也在不断发展,所以儿童行为观察与分析的结果存在时效性问题。

3. 不可借鉴性

每个儿童都是独特的生命个体,具有独特的意识、思维和心理特征,以及独特的行为方式和性格特点。儿童的独特性造就了儿童独特的行为表现。在观察儿童行为的过程中,理解儿童的独特性、观察儿童的独特性、分析儿童的独特性是研究的基础。这种独特性是不可借鉴的,因为每个儿童的成长都是不可复制的,所以,儿童行为观察与分析的结果也不可能推广而使更多儿童获益,只能在以后的研究中借鉴其研究的经验使研究更完善、更适宜儿童发展的状况。

二、儿童行为观察与分析的意义

(一)有利于理解儿童的行为

观察儿童是理解儿童的最基础、最常用的方法。儿童的行为表达了他们内心最真实的想法与需求。通过观察儿童的行为,可以了解儿童当下最真实的生活状态,有利于理解儿童的内心世界。观察儿童行为是我们走进儿童内心世界最基本的途径。

案例分析

“小兵”游戏

托班的天天把玩具撒了一地,我便来到他身边帮助他一同收拾。天天却把玩具放在地上依次排开,说:“一二一,齐步走!”我对他说:“请你把玩具送回家,好吗?”天天仿佛没听见,继续投入地玩游戏。我有点急了,又大声说:“请你把玩具送回家。”同时快速捡起地上的玩具。这时,天天不高兴了:“不行! 不行!这是我的小兵!”我意识到刚才的指令过于生硬了。于是,我靠近天天,轻声对他说:“玩具都没有穿鞋子呢! 这么冷的天,它们站在地上多冷啊! 还是赶快把它们送回家吧!”天天沉默了,站在那里想了一想,急忙把玩具收了回去。天天放好玩具又走到我面前说:“我请玩具到桌上玩,好不好?”我欣喜地回答:“好的!”于是天天将玩具一一搬到桌上,还找了许多朋友和他一起玩“小兵”游戏,玩得特别开心。

案例分析:在托班,如果教师想让处在游戏状态的幼儿停止游戏,幼儿便会对教师产生对立情绪。如果教师能采用情境性语言启发幼儿将生活经验迁移到“玩具朋友”身上,幼儿就会乐意调整自己的行为。

（二）有利于指导儿童的发展

如前所述，每位儿童都是独立的个体，有着自身独特的个性，其行为表现也各不相同，教师怎样才能做到因材施教呢？只有深入观察儿童，理解儿童的现实需求和发展特点，才能有针对性地指导儿童进步，促进儿童发展。

案例分析

从音响师到“身边的电器”主题课程[①]

东东是我班的一个男孩子，在我组织的音乐活动中，他经常处于游离状态。更让我郁闷的是，他总会趁大家不注意时随意去按录音机、电脑等设备的开关。当我放好音乐带小朋友表演时，他会突然关掉音乐，而不需要播放音乐时，他又会突然把音乐打开。以往碰到这种情况，我都会很生气，不是跟他讲道理，就是大声批评他，但效果并不理想。现在我重新思考和分析了东东的行为，尝试换个角度去看待东东的行为表现：摆弄电器不就是东东目前喜欢做的事情吗？对电器的敏感不就是他的长处吗？他之所以不时地打开、关上音乐，是不是因为我没有满足他的需求？那么我该如何利用他的兴趣和长处去促进他的发展呢？在一次音乐活动开始前，我很认真地告诉东东，今天的活动，老师要聘请他做音响师。同时，我把如何操作录音机的方法告诉了东东，让他清楚“播放”“暂停”“停止”“快进”“后倒”等按钮的位置和作用，并让他操作了一遍，东东果然很快就学会了。然后我告诉他音响师的工作就是要配合老师，听老师的指令及时播放活动时用到的音乐。音乐活动开始后，东东坐在录音机旁边非常认真地按我的指令开关音乐。几次下来，他操作得越来越顺利，后来甚至不用我说“停”，他就能及时按下暂停键。在这次音乐活动中，东东虽然没有直接参与表演，但再也没有分

① 林黎佳.欣赏每一个孩子的成长[J].幼儿教育，2015(Z4)：76-77.

神，更没有出现“破坏”行为。活动结束后，我对东东说：“东东，谢谢你。今天你这个音响师做得太好了！老师有了你的帮助，组织活动更轻松了。”东东也很开心，说：“下次我还可以当音响师吗？”“当然可以。”让我没想到的是，为了当好音响师，东东注意倾听音乐，渐渐地对音乐产生了兴趣，参与到了音乐活动中。我欣喜地看到东东享受着音乐的美好，体验着参与的快乐。

案例分析：教师通过对东东的观察，了解到东东的个体特征，因材施教，进行针对性教育，有目的地指导东东的发展。

（三）有利于幼儿教师专业能力的发展

《幼儿园教师专业标准（试行）》中规定了环境的创设与利用、一日生活的组织与保育、游戏活动的支持与引导、教育活动的计划与实施、激励与评价、沟通与合作、反思与发展等重要内容，这些内容是相互联系、相辅相成的，一定程度上是以观察理解儿童为基础展开的。

观察儿童可以及时了解儿童的发展情况，由此获得的很多有价值的材料是我们选择与开发课程、设计教学活动、实施与评估教学活动、调整教育教学方法的重要依据，并以此促进幼儿园教师专业能力的发展。

（四）有利于学前教育研究的发展

学前教育研究不能脱离对儿童发展的研究，而观察儿童是研究儿童发展最基本的方法。同样，儿童发展的实际是我们进行学前教育研究的核心依据，只有儿童发展的实际才能以不容置疑的姿态证实学前教育的价值。

案例分析

冰冰的改变①

冰冰是一个比较内向的孩子，有些固定不变的习惯，比如自己的座位从来都是固定一个地方，基本不会改变。如果其他幼儿不小心坐到了她的位置，她就会站在旁边不自在地小声念"这是我的位子"，或是哭泣。最近，我们班对座位进行了调整，每个幼儿的座位不再是固定的，而是以游戏的方式进行找位或是轮换，这对冰冰来说，很不适应。我们没有强迫她，而是请她信任的朋友帮她找座位。

故事一：你和我做朋友好不好？

冰冰从"娃娃家"里出来，不是很娴熟地套上了靴子。宜宜从围墙边探出脑袋："冰冰，今天你和我做朋友好不好？"冰冰停下动作，抬起头轻轻地应道："好。"自由活动结束后，大家准备洗手吃午饭了。盥洗室有点挤，冰冰坐在自己的书包柜上等待，宜宜走到冰冰面前，鼓着嘴巴："冰冰，吃饭的时候我们坐在哪里？"冰冰扑闪着一双大眼睛："不知道……"宜宜挥手指向一个角落："我们一起坐在那儿好不好？"冰冰头也没抬就点了点头："好。"洗好手后，冰冰坐回自己的位子上。今天的午餐有鸡翅，这是冰冰爱吃的，她高兴地享用着。宜宜从盥洗室出来后走到两人约好的角落，停了一会儿，没有看见冰冰，她又抬头张望，发现了冰冰，嘟着嘴巴眨了眨眼，立刻又露出笑容，坐到冰冰的身边。冰冰侧头看见了宜宜，笑了笑继续吃着鸡翅。

故事二：谁可以帮帮我？我要帮谁呢？

"小树叶，飘呀飘，飘到高空中；飘呀飘，落到床铺上。"孩子们边玩着小树叶的游戏，边来到寝室，陆陆续续开始脱衣服、摆鞋子。"孩子们，先自己脱，如果不会脱的可以向其他小朋友还有老师求

---

① 陈文娟．学习故事：冰冰的改变[J]．福建教育，2015(38)：32.

助哦。”“我脱不了裙子，谁来帮帮我?”哦，是最后进来的冰冰正举着小手求助呢。发现没人理她，她转过头看了看我，又低下头，小手指扣着自己的裙摆。“谁可以帮帮我?”冰冰抬头看了我，举起小手又轻声说了一声。“我来帮你。”凡凡跳着过去。冰冰高兴极了，配合凡凡的口令，两人合作拉开了拉链，脱下了裙子。冰冰又自己脱下鞋子，她一边脱还一边四处张望。角落的涵涵在帮川川解扣子，坐在上铺的婧婧在帮惟惟拉裤脚，凡凡帮洲洲换上睡裤。冰冰躲在被窝里眯着眼自言自语:“我明天也要帮助别人，我要帮谁呢?”关了灯，孩子们安静了，冰冰带着这个美好的疑问也睡着了。

案例分析:冰冰学会了接受同伴，逐渐有了自信，在自信心的驱使下学会了寻求解决问题的办法。她慢慢改掉了固定不变的习惯，不焦虑，不恐慌，开始有了自己的想法，想表达，会表达。冰冰从不愿意打破自己的习惯到愿意接受同伴，愿意接受同伴的帮助，再到慢慢出现想要帮助别人的意识，冰冰在放松自己，在接受着别人，在进步着。

思考与练习

扣纽扣

早点后的休息时间，小风看着自己身上的毛衣，对毛衣上的纽扣产生了兴趣。小风开始把自己毛衣上的纽扣解开，先是用左手的两个手指头将纽扣拿住，再用右手去扯纽扣的洞，然后把纽扣穿过洞，一个纽扣就解开了。小风觉得有意思极了，决定再解开下一个纽扣，然后他把所有的纽扣都解开了。他看了看我，我对他说:“你怎么把扣子解开了? 会着凉的! 来，老师帮你扣。”我将手伸向他，他推开了我的手，对我说:“我会! 我自己来!”然后小风开始扣扣子，这一次他用右手拿住扣子，左手扯着洞，然后用右手带着扣子钻进洞里，当小风将右手的手指拿出来的时候纽扣也跟着出来了，第一次扣纽扣没有扣上。我看见了，就上去问小风:“怎么了，小风? 老师来帮你扣吧。”小风再一次推开了我的手，对我说："我自己来！"我默默地看着他，他失败了好多次，但是他仍不放弃，终于扣好了第一个纽扣，紧接着第二个、第三个也扣得顺畅了起来。扣完了后，他发现有一个纽扣好像和别的纽扣扣得不一样，他就一直看着那个不一样的纽扣，一直摸着它，不知道哪里不一样，也不知道怎么解决。我看了看小风，对他说："小风你看看这颗纽扣和其他纽扣有什么不一样啊？"小风看了看，还是不知道哪里不一样。我又说："那我们做一个实验，我们俩都仔细观察一下，看看到底是哪里不一样，好吗？"小风答应了，于是我把小风衣服上的其他两颗纽扣一正一反慢慢地扣上了。小风说："我知道了，这个是从外面扣的，这个是从里面扣的。""你观察得真仔细，那你看看要怎么扣纽扣才扣得好呢？"于是小风将第一个纽扣给解开，然后自己尝试着又扣了一遍。小风扣完后仔细检查每一个纽扣，确认没有错后，他抬起头对我微笑，很自豪地说："老师，我的纽扣扣好了，你看扣得好吗？"我微笑着点点头，对他说："扣得真好！"

以上案例是儿童的行为发展过程，请分析小朋友与老师的行为。

考查要点

了解儿童的各种行为并能够运用各种教育手段和方法对儿童行为进行矫正、塑造和发展。近年来，儿童行为特别是在教育教学中的一些常见行为和冲突行为比较受人们关注。

思考与实训

思考：

1. 简述行为与儿童行为的含义。
2. 简述儿童行为的特点。
3. 简述观察的含义与类型。

4. 简述专业观察的基本原则。

5. 简述儿童行为观察与分析的特点与意义。

实训：

集体教学中儿童情感参与与认知参与行为观察①

1. 观察目标

（1）观察儿童在集体教学中积极情感与消极情感参与的时间、比例等。

（2）观察儿童在集体教学中认知参与的程度与类型。

2. 观察时间

时间：×××

3. 观察地点与班级

地点：×××

班级：×××

4. 观察工具与指标说明

（1）儿童集体教学中情感参与的观察工具与指标说明。

①儿童情感参与的观察工具。

表1-2 教学活动中儿童情感参与观察工具

		30″	1′	1′30″	2′	2′30″	3′	……
积极情感指标	目光专注（$n \geq 75\%N$）							
	神情投入（$n>0$）							
	姿势恰当（$n \geq 75\%N$）							
	自发地用动作表达内容（$n>0$）							
	做出表达积极情感的情绪性动作（$n>0$）							
	说出表达积极情感的情绪性语言（$n>0$）							
	自发地提出与教学内容相关的问题（$n>0$）							
	自发地表达与教学内容相关的经验（$n>0$）							
	自发地谈论与教学内容相关的话题（$n>0$）							
	积极回应教师的提问或指令（$n>0$）							

① 原晋霞. 幼儿园集体教学活动研究——幼儿参与的视角[D]. 南京：南京师范大学，2008.

续表

		30″	1′	1′30″	2′	2′30″	3′	……
消极情感指标	目光游离($n>25\%N$)							
	发呆($n>0$)							
	身姿不当($n>25\%N$)							
	做小动作($n>0$)							
	说出表达消极情感的情绪性语言($n>0$)							
	交头接耳($n>0$)							
	发起与教学无关的话题($n>0$)							
	没有回应教师的提问或指令(难度过大除外)($n>0$)							

注:N表示全班总人数。n表示各行为指标的人数要求。

②儿童情感参与的指标说明。

指标说明具体内容详见二维码。

儿童情感参与指标说明

(2)儿童集体教学中认知参与的观察工具与指标说明。

①儿童认知参与观察工具。

表1-3　教学活动中儿童认知参与观察工具

序号	具体问题	教师提问类型						幼儿回答(或主动提问)类型						
		微认知参与	低认知参与	高认知参与				微认知参与		低认知参与	高认知参与			
		机械性问题	感知记忆性问题	理解性问题	应用性问题	创造性问题	评价性问题	没有回答	机械性回答	感知记忆性回答	理解性回答	应用性问题	创造性回答	评价性回答
1														
2														
3														
4														
5														
……														
小计														
合计														

②儿童认知参与指标说明。

指标说明具体内容详见二维码。

儿童认知参与指标说明

推荐阅读

[1]何慧华．幼儿行为观察与评估[M]．北京：中国人民大学出版社，2018.

[2]侯素雯，林建华．幼儿行为观察与指导这样做[M]．上海：华东师范大学出版社，2014.

第2章

学前儿童行为观察与分析的准备

在张同道导演的纪录片《小人国》中，着重记录了三个小主人公的故事。早晨，小女孩辰辰来到幼儿园后都不进屋，只是在门口静静地等待一个叫南德的小男孩。等来南德后，两人总是一起玩过家家，不参与别人的活动。有时辰辰要等很久，身边就会出现老师陪伴的身影。五岁半的小男孩池亦洋是幼儿园的孩子王，个头最大，力气也最大，他总是指挥其他的小朋友。他的行为有时会让老师挠头，可是老师是有耐心的，后来老师的耐心得到了回报。一个两岁的小男孩锡坤是个调皮宝宝，他总是将小朋友的鞋子扔进比他还要高的垃圾箱里，还认真地盖好盖子才离开。还穿着纸尿裤的他喜欢不停地探索，但哪怕把活动室弄得乱七八糟，老师都陪着他一起收拾。

【学习目标】

1. 知识目标：了解儿童行为观察的前期准备；理解并掌握观察者应具备的基本能力。

2. 技能目标：能根据学前儿童行为观察的方案进行记录的筹备工作，并做出相应分析。

3. 情感目标：乐意观察学前儿童行为并做好观察前的准备工作。

【学习重点】

1. 掌握学前儿童行为观察所需的专业知识与技能。

2. 掌握专业观察应遵循的基本程序。

【知识结构图】

- 学前儿童行为观察与分析的准备
  - 观察者应具备的专业知识
    - 学前儿童发展的特点
    - 儿童的文化背景
    - 观察的方法
  - 观察者应具备的基本能力
    - 辨识潜在观察动机的能力
    - 操作性定义的能力
    - 观察工具选择或制作的能力
    - 描述儿童行为意义的能力
    - 反省主观情绪的能力
    - 提出行为假设的能力
  - 观察实施的一般过程
    - 制订观察计划
    - 准备材料与工具
    - 观察前的自我准备
    - 进行预观察

第一节 观察者应具备的专业知识

观察的主体是人，会因为发展阶段、文化背景、观察方法、情感的不同而产生不同的观察结果。所以在进行儿童观察之前，专业知识的储备对观察者来说是必需的。

一、学前儿童发展的特点

学前儿童的发展并不是一直处于平稳状态，而是有波动的，主要表现在儿童的行为上。儿童有时比较平和、友善、活泼外向、热情大方、生活有规律等，但有时又表现出易怒、敌对、沉默内敛、消极冷淡、无生活规律等负面状态。在进行儿童观察时必须遵循儿童发展的特点。

（一）顺序性

不同年龄阶段的学前儿童思维发展有不同的特点，切忌拔苗助长。近年来，幼教界普遍接受适度发展的观念，此种观念亦可应用于观察与分析的讨论。适度发展的观察评定，是在尊重儿童发展、需求、能力与兴趣的基础上，通过系统地收集信息，对儿童的发展现况进行深入的了解，绝不要求儿童追逐一个对其来说毫无意义的“标准”，更不要求儿童将所有成长以可测量的方式呈现出来。

适度发展的意义包含两个层面：一是年龄适宜，指同年龄的儿童在各方面的发展应有一个大致相同的模式；二是个体适宜，指同年龄的儿童仍有个别差异，不应认为同龄儿童的需求、能力与发展速度完全一致。许多成人对适度发展的意义和重要性不了解，所以经常忽略每一个幼儿都是完整独立个体的客观事实，要求幼儿“学习”“配合”别人的发展步骤，放弃原来的学习方式，这对儿童自我概念的建立会造成极大的伤害。

（二）阶段性与连续性

儿童发展的每一阶段都是前一阶段发展的继续，同时又是下一阶段发展的开始。前一阶段包含有后一阶段某些特征的萌芽，而后一阶段又带有前一阶段某些特征的痕迹。观察儿童，既要关注儿童现在的发展，又要为儿童下一步的发展创造条件。

（三）不均衡性

关注儿童发展的关键期，如2～3岁是儿童口头语言发展的关键期，4～5岁是儿童书面语言发展的关键期；女孩10岁左右进入青春期，男孩12岁左右进入青春期等。

（四）稳定性与可变性

稳定性体现在如果教师或家长改变教育方法，儿童不会马上有所变化，所以需要学会等待，需要耐心。可变性体现在如果教师或家长改变教育方法，儿童早晚会有变化的，是量变到质变的过程，只有量的积累才有质的变化。

（五）个别差异性

学前儿童之间存在个体差异，每个儿童都是独特的。教师在进行观察之前，要先对儿童行为发展有初步的了解，知道儿童行为尚未受太多社会化的影响，这样才能以正确的态度和采用合适的观察方法进行分析，让观察记录更具有成效。

二、儿童的文化背景

文化背景包括种族、语言、肤色、信仰、性别、社会经济地位等等。不同地域、不同种族、不同年龄、不同性别、不同角色的人之间都存在文化差异。只不过有些差异显而易见，比如东方文化认为含蓄是内敛谦虚的表现，而西方文化则认为含蓄是不坦诚的表现。人与人之间存在的文化差异有时微小到不易察觉，比如一个自信的学生在课堂上积极回答问题，当他据理力争的时候，就有一些同学认为他爱表现、固执。

此外，儿童先天的条件与后天的成长环境都是塑造特质的重要因素，幼儿教师必须尝试对每个儿童的文化背景进行深入认识，以便进行多元化教学。教师必须将儿童从家庭带到幼儿园的知识与经验当作教学资源，同时尊重与接纳其文化背景。教师的良性示范可以引导儿童互相尊重。幼儿教师不能以一元化的标准来看待儿童多元化的表现，在为儿童发展与成长下评语时，应从多角度去考虑孩子不同的需求，避免得出错误的结论。面对不同文化背景的儿童，幼儿教师要做到以下几点：

（1）必须将儿童从家庭带到幼儿园的知识与经验当作教学资源；

（2）必须具备基本的文化素养；

（3）对各种文化保持尊重和接纳的态度。

三、观察的方法

观察的具体方法有多种，每一种都有其独特性。根据不同的分类标准，可将观察分为以下几种。

（一）自然观察与实验室观察

根据观察中控制程度的不同，可将观察分为自然观察和实验室观察。

1. 自然观察

自然观察又称现场观察，是在自然的环境中，例如在游戏、教学活动、就餐等过程中对儿童进行观察和研究的方法。不对观察对象做任何限制，在年龄和性别方面也不做任何要求。但是，观察的结果容易受观察者兴趣的影响，出现主观误差。

2. 实验室观察

实验室观察是在配置有特殊装备的实验室内，利用专门的仪器设备进行观察和研究的方法。这种观察法的优点是：能够严格控制条件，可以重复进行，可以通过特定的仪器设备探测到部分不易观察到的情况，获得有价值的科学资料。它的缺点是儿童在实验室环境内往往产生不自然的心理状态，由此导致实验结果有一定的局限性。

（二）直接观察与间接观察

根据观察者与被观察者的不同接触方式，可以分为直接观察与间接观察两类。

1. 直接观察

直接观察是指在现场对正在发生的行为和现象进行观察。观察者身临其境，亲眼看到和听到发生的事情，获得第一手资料。在直接观察中，观察者的感受是直观的、具体的，有助于形成对被观察者的整体认识，适合幼儿教师使用。但是，直接观察也存在一定的局限性。首先，在托幼机构现场，儿童的行为和观察者的感知可能受到周围环境的干扰。其次，在直接观察中，观察者在一旁观察可能会在一定程度上干扰儿童的活动。最后，纸笔记录往往会造成信息遗漏，难以完整保存被观察者的行为表现。这些因素都会影响直接观察的效果。

2. 间接观察

间接观察是通过对现象或行为进行间接的观测，从而获取资料的观察。间接观察可分为两类：一类是对物化的行为现象进行观察，例如，观察幼儿园活动室中不同图书磨损的程度，据此了解儿童对不同图书的喜爱程度；二类是以仪器或技术手段（如录音、录像等）为中介，间接进行观察。研究者运用录像和拍照等方法将儿童在建构区的活动记录下来，然后进行分析。第一类是通过观察被观察者行为留下的痕迹来获得资料，以进行分析的方法；第二类是为了弥补感官观察的不足而采用的间接手段，在分析时需要不断地展现实况，如反复播放录像内容，仔细观看和分析。与直接观察相比，间接观察能将现场的情况尽可能地保留下来，特别是通过仪器设备留存的观察资料可供日后重复观察和分析。

因此，在运用直接观察的同时，利用现代化的仪器设备进行间接观察，可以使观察记录的资料更精确、更全面。

（三）参与性观察与非参与性观察

根据观察者是否介入被观察者的活动，可分为参与性观察与非参与性观察。

1. 参与性观察

参与性观察是指观察者在参与被观察者的活动的过程中进行的观察。观察者在与儿童的互动（如幼儿教师带领儿童进行各种活动，父母在家庭中与孩子进行亲子互动，研究者与儿童一起进行游戏）中，倾听和观看儿童的言行，进行记录和分析。在参与性观察中，观察者介入被观察者的活动，不仅能获得具体的感性认识，而且能够缩短与儿童的心理距离。对儿童行为不理解时，观察者可以随时就想要了解的内容提出问题，进一步了解儿童行为背后的心理活动及其原因。

2. 非参与性观察

非参与性观察是指观察者不介入被观察者的活动，以旁观者的身份进行的观察。例如，一个班级的两位教师，其中一位带领儿童活动，另一位在旁观察。

这位在观察的教师采用的就是非参与性观察。非参与性观察可以是公开的，即被观察者知道有人在观察自己；也可以是隐蔽的，即在被观察者不知晓的情况下进行。有些幼儿园在活动室或其他儿童活动场所设置了摄像头，可以用来进行非参与性观察。

与参与性观察不同，在非参与性观察中，由于观察者不干预、不参与被观察者的活动，只是从旁对正在发生的行为现象进行观察和记录，因此，所得的结论比较客观，操作起来也相对容易。但非参与性观察也存在不足。在非参与性观察实施的过程中，观察者作为旁观者很难对观察现象进行深入了解，不能像参与性观察那样，在遇到疑问时随时向被观察者提问。另外，非参与性观察还可能受到一些具体条件的限制。

（四）描述观察、取样观察和评价观察

根据观察内容的连续性和完整性以及观察记录方式的不同，可将观察方法分为描述观察、取样观察和评价观察。

1. 描述观察

描述观察是指在观察过程中，观察者详细观察和记录被观察者连续、完整的心理活动和行为表现的一种观察方法。日记描述法、轶事记录法、实况记录法等都属于描述观察。描述观察保留了行为事件发生的真实面貌，获得的资料完整、自然、真实、生动。但是，由于描述观察要求记录的完整性，往往会花费较多的人力、物力，从而限制了样本的数量。此外，由于资料的呈现方式均是描述性的文字，难以做到量化分析，费时费力。

2. 取样观察

取样观察是依据一定的标准选取被观察对象的某些行为表现进行观察记录，或者选择特定时间内的行为进行观察记录的一种方法。需要对儿童正在发生的某些行为进行记录，而不是记录某段时间内发生的所有行为时，取样观察是非常有用的。在观察之前，观察者要做好大量准备工作，包括确定观察内容、安排观察时间等。常见的取样观察包括时间取样观察和事件取样观察两种。

由于取样观察是对预先选定的行为进行观察，因此提高了观察的针对性，省时省力，适用于大样本观察。但是，取样观察也有不足之处，例如，在时间取样观察中，观察者往往只记录了要观察的行为是否发生及发生的频率，很少记录该行

为发生的前因后果。事件取样观察虽然记录了行为发生的因果，但是记录的资料不够完整、详细，难以进行深入分析。

3. 评价观察

评价观察是指观察者在观察的基础上，运用表格、符号、数字等对被观察者的行为或事件做出判断的一种方法。评价观察适用范围较广，很多行为都可以运用这种方法进行观察，最常见的有行为检核、等级评定和频次记录3种。评价观察的主要优点是具有便捷性。相对于描述观察法和取样观察法，其更便于观察者记录，同时也利于观察者对记录结果进行整理和分析，节省了人力和物力，且观察者只需极少的训练就可掌握这种方法。评价观察的主要缺点在于可能会高估或低估被评价者，也可能因为对评价表中某些项目的理解偏差，导致评价不准确。另外，运用评价观察得到的只是量化结果，很难对行为的原因等进行深入分析。

综上所述，在不同标准下，观察方法可分为不同类型。但是，这些观察方法之间是有交叉的，例如，描述观察既可以是参与性观察，也可以是非参与性观察；取样观察既可以是直接观察，也可以是间接观察。各种观察方法各有其适用范围和条件，以及各自的优势和不足。在对儿童进行观察时，应根据实际情况，选择适宜的观察方法。

思考与练习

童童今天带了一箱模型玩具到学校。走进教室后，他开始自己玩起来。一会儿，很多小朋友来了，青青走到他跟前，拿起他的玩具想跟他一起拼。童童却一把抢过青青手中的玩具说："不行，玩具是我的，谁也不给玩。"

请分析童童小朋友的行为对不对，为什么？

第二节 观察者应具备的基本能力

专业观察必须对观察对象的个体行为或团体行为背后的原因提出科学的解释，从而解决专业问题。因此，专业观察者需要经过一定的训练，才能使观察结果准确又深入。观察者需要具备以下基本能力。

一、辨识潜在观察动机的能力

观察动机可以分为两种：一种是外在动机，如因工作需要或领导要求而进行观察记录；另一种是个体内在动机，观察者发现必须以观察来解决问题，自愿进行观察。由于外在动机进行的观察，因为观察者不是主动和自愿的，经常会出现观察目的不明确或将教学目标等同于观察目的等情况。

下面这则观察记录就把教学目标等同于观察目的，使观察记录的方向发生了改变。

观察目的：增强儿童对他人的理解与体谅。

观察记录：上午的体育活动中，老师和小朋友一起做热身活动。在做伸手掌这一动作时，小羽不小心碰到了小悦的脸，小悦马上边哭边说："老师，小羽打我！"然后在自由拍球时间，落落拍球，球弹起后正好落在小悦的头上，他又哭了起来说："老师，落落打我！"活动结束后，小朋友还球后去洗手。小博急着洗手，挤到了小悦，他又一次哭着说："老师，小博打我！"①

观察的目的在于通过观察和记录儿童的某些行为或事件，了解儿童的发展状况，而不是直接让儿童取得进步。教师未能明确观察目的，因而在观察时只注

---

①柳剑.幼儿教师运用观察记录法中存在的问题与对策研究[D].长春：东北师范大学，2009.

意到与这一教学目标相背离的行为或事件,而未去了解行为发生的背景和原因。

因此,如果观察者观察目的不明确,在观察和记录时就会敷衍应付或过于主观,难以有针对性地收集资料并客观分析,而具有内在动机的观察者知道观察是为了解决什么问题的,从而有针对性地进行观察。

二、下操作性定义的能力

下操作性定义是指观察者用可感知、可测量的方法对变量做出界定和说明,通常采用名词、动词、形容词等简洁明了地进行定义。观察者在进行观察记录时,为将观察到的复杂行为或现象进行简化,往往需要对行为进行分类,并对每类行为下操作性定义。

对行为进行分类时需要遵循两个原则:第一,相互排斥原则,即一个类别的行为与其他类别的行为要相互独立、排斥,要求观察到的行为只符合其中一个类别;第二,详尽性原则,即凡是与观察主题相关的行为,都能放在某一个类别中,不会出现观察到的行为无从归属的情况。

案　例

帕顿对2~5岁幼儿在游戏中的参与行为进行观察时,将幼儿活动分为6类:无所事事、旁观、单独游戏、平行游戏、联合游戏和合作游戏。这种划分方法既符合相互排斥原则,也符合详尽性原则。他对6类游戏的操作性定义如下:

无所事事:幼儿未做任何游戏活动,也没与他人交往,只是随意观望,或走来走去。

旁观:幼儿基本上只观看别的幼儿游戏,有时凑上来与正在游戏的幼儿说话,提问题,出主意,但自己不直接参与游戏。

单独游戏:幼儿独自一人游戏,只专注于自己的活动,根本不注意别人在干什么。

平行游戏:幼儿能在一处玩,但各自玩各自的游戏,既不影响他人,也不受他人影响,互不干涉。

联合游戏:幼儿能在一起玩同样的或类似的游戏,互相追随,但没有组织和分工,每人做自己想做的事情。

合作游戏:幼儿为某种目的组织在一起游戏,有领导、有组织、有分工,每个幼儿承担一定的角色任务,并互相帮助。

表2-1 儿童活动类型记录表

时间	儿童代号	活动类型					
		无所事事	旁观	单独游戏	平行游戏	联合游戏	合作游戏

三、选择或制作观察工具的能力

如果观察时需要记录行为的次数、频率、强度等信息，可以运用工具来记录，如行为检核表、等级评定量表等。

选择适宜的工具非常重要。工具已经为观察者设计好摘录事实形成资料的方法，也在一定程度上过滤主观因素。观察工具的选择必须谨慎。除能收集到可靠的客观资料外，选择的工具还必须能有效地解释要了解的问题。

如果无恰当的工具，观察者可以根据观察所需，界定需记录的行为和记录方法，从而制作工具。制作观察工具必须经过训练，使制作的工具具有可信度和有效度，能收集到与主题有关的有效的事实资料，而且方便记录及解释。

四、描述儿童行为意义的能力

他人要通过观察者的诠释来了解事实真相。观察记录的表达方式有如下两种。

第一种是叙述行为的实际发生过程。

案例分析

今天上美术课，我拿了一本书给小朋友看。这时小羽把手放在小赖的背上，小赖告诉小羽："不要摸我！"并抓了一下小羽的手，嘟着嘴看着小羽。小羽又抓了小赖的衣服，小赖也反抓了回去，并抓住小羽的手，小羽又反抓小赖的手，小赖张大嘴巴朝向小羽，并将这个动作重复了四五次。我叫了一声："小赖！"他俩立刻停止了动作。

案例分析：案例中，观察者详细描述了事情发生的背景，以及小羽和小赖的动作、语言和神情，还原了事情发生的过程。在观察记录时为了客观描述真相，有时需要进行这样详细的描述，但是会使事件的表达变得十分零碎繁杂。

第二种是用个人主观诠释的方式直接将行为意义说出，不用冗长的叙述，能简单明了地表达意义。以上案例换一种叙述方式：美术课上，小羽挑衅小赖，两人打了起来，被我及时制止了。这种方式简化了很多，但是在概括行为意义时可能会犯两种错误：第一，由于缺乏证据而做夸大的解释，如以“小羽挑衅小赖”来叙述行为的原因；第二，可能过分简单，未能反映事情的原委，不利于解释行为的真正意义，如以“两人打了起来”来描述行为过程。

通过观察儿童行为表现而获得的资料，比较真实可靠；而有些资料或信息来自测验评分或教师和同伴的评价，其出处是否合理，在传达过程中是否有误，就不得而知了。后者可能会不实或不足以作为依据。当然，如果第一手资料难以获得，经过处理的二手资料（例如：测验评分，家人、同伴的评价等）也可以接受，但观察者应在保持质疑的前提下再三求证或收集反证资料和事实资料来进行验证。[①]

五、反省主观情绪的能力

儿童行为的信息通过观察者的感官而被接收，此过程往往会夹杂着观察者的主观想法，这是难以避免的。主观想法会使观察者在观察时较容易接收与主观相符的信息，而忽略相反或无关的信息，有时甚至会不知不觉地修改真实信息来支持自己的想法。偏见会导致教师对儿童的能力和学习潜力做出不正确的判断。

案例分析

小强，5岁。他的老师不喜欢小强整天邋里邋遢的。

有一次在了解身体的观察活动中，老师问学生，身体可以发出哪些声音？孩子们积极地说出各种答案，都被老师记录在案，可是当小强回答说“放屁的声音”时，被老师瞪了一眼，没有给予理睬。

案例分析：案例中，这位教师先前对小强做出的判断妨碍了她发现这个儿童的表现。为力求观察到的信息客观准确，观察者必须时时反省自己是否带有主观情绪或成见。

① 李晓巍.幼儿行为观察与案例[M].上海：华东师范大学出版社，2017.

六、提出行为假设的能力

观察者接触到的事实有限，常常不能做出完整的判断。当观察者无法收集到直接资料作为解释和判断的依据时，提出行为假设的能力就显得尤为重要。

案例分析

现在是上午9:30，教师正在和全班儿童一起唱歌，是一首关于动物的歌。小塔靠近老师坐着。大家正在讨论火鸡会发出什么样的声音。小塔环视了一下其他幼儿，她的脸上露出了灿烂的笑容。她的身体在动，迅速地变换着一个又一个姿势。她在打手势。她在关注老师。她环视了一下由其他幼儿围成的队形，嘴巴动了动，稍微皱了一会儿眉头。老师在讲故事。小塔扫视了一下其他幼儿，然后大胆地看了老师一眼，好像在认真听讲。她用手指摸摸裙子，转身去看发出刺耳声音的幼儿，然后把注意力转回到老师身上。她看起来充满朝气，兴致勃勃。有时候她好像偷偷地溜进了自己的世界，然后又回来了。她非常注意其他幼儿，当他们做出反应的时候，她认真地看着。但是当老师向全班提出问题时，她总是一言不发。孩子们都选择角色来表演故事。小桑扮演一只青蛙。小塔说："我也想当青蛙。"她非常投入地扮演青蛙，高兴地来去。扮演时间结束以后她意犹未尽，继续扮演着青蛙。过了一会儿，她的注意力才转移开，与小莎交流起来。

案例分析：在上述案例中，"她看起来充满朝气，兴致勃勃""有时候她好像偷偷地溜进了自己的世界，然后又回来了"，这些都是观察者提出的假设，但是这些假设都不是毫无由来的猜测，而是观察者根据儿童的表现提出的，有一定的证据，但又不是很充分。有时观察者必须在过程中提出这种假设，因为不可能等到最后真相大白时才来判断、决定或处理问题，必须暂时做出一些决定或处理。

需要注意的是，这种大胆假设需要小心求证。当提出尚无充分证据、不确定的假设时，应抱有怀疑的态度。如果缺乏这种态度，就会把假设当成结论，在观察记录中倾向于收集对判断有利的信息，而忽略对判断不利的信息，这就犯了先判断再观察的错误，从而掩盖了事实。

提出行为假设要基于良好的思考。良好的思考至少需要具备两种能力：一是创造思考能力，即根据已知的事实大胆假设，提出合理解释的能力；二是批判思考能力，即对事实问题小心求证和反思，多方收集事实资料，以求取客观、准确的证据的能力。良好的思考能力是专业观察必备的条件。有了良好的思考能力，主观介入才足以对客观信息发挥补充、质疑、求证和判定等作用。

幼儿教师在儿童行为观察与分析时还需要注意：克服成人思维，树立科学的儿童观；学会行为观察的方法，能科学记录和分析儿童的行为；把握不同年龄阶段儿童的行为特点，从本质上认识到儿童行为的原因；掌握儿童发展心理理论，学会用不同学派的理论解析儿童的行为；在实践中不断反思，积累经验，改进策略，得出更准确的资料。

案　例

幼儿争抢玩具行为观察

一、观察目标

研究幼儿争抢玩具行为，引导幼儿共同使用玩具，形成良好的同伴关系。

二、观察环境

1. 游戏室内的区角活动

2. 室内集体教学中的美术课、手工课

3. 室外体育活动

三、观察对象

小班幼儿

四、观察取样

1. 时间取样

观察者选取10名幼儿观察他们的争抢玩具行为及发生频率。时间段1定在上午8:00—8:20（区域活动的时间），持续20分钟；时间段2定在上午9:00—9:20（集体教学活动的时间），持续20分钟。观察者在这两个时间段内对幼儿进行观察和记录，分别将20分钟分配到10名幼儿身上，每位幼儿将被观察2分钟，连续观察6个星期。观察结束后，每位幼儿将有24分钟的观察记录。

2. 事件取样

观察者选取10名幼儿观察他们的争抢玩具行为及发生频次。时间段1定在上午8:00—8:20(区域活动的时间),持续20分钟;时间段2定在上午9:00—9:20(集体教学活动的时间),持续20分钟。这两个时间段内对幼儿进行观察和记录,只要幼儿有争抢玩具行为就将被记录,连续观察6个星期,最后记录结果为6次观察中所发生争抢玩具的总次数、行为原因及幼儿在争抢行为中的具体表现。

观察者:×××

观察者角色:观察者不参与被观察者活动

观察时间:

1. 上午8:00—8:20

2. 上午9:00—9:20

观察次数:每星期1次,连续6个星期

记录方式:频次记录中的时间取样法

连续记录中的事件取样法

幼儿行为观察分析记录表

思考与练习

4岁半的小安坐在老师旁边玩弄着积木,另一个孩子抓住了积木盒子。小安生气地说:“我想用它。”她拿回每一块积木并且认真地拼。从她的脸上可以看出她的注意力非常集中。她花费了很长时间来选择接下来用哪一块。老师站起身来走开了,小安似乎并没有注意到。她继续若有所思地以同样的方式摆弄着,不与来桌子边的任何小朋友说话。她搭建的作品高大且错综复杂。当老师告诉小安游戏时间到了的时候,她说:“不要!”随后她继续玩自己的。后来,老师告诉她可以把未完成的作品放在架子上,小安非常小心地把它拿到那里。当她注意到一个小朋友向她的作品走去的时候,她喊道:“不要动!”

请分析小安小朋友的行为。

第三节
观察实施的一般过程

在日常生活中，我们经常进行观察，例如驻足而看，凝神而听。然而这样的观察没有计划，通常也缺乏明确的目的。但幼儿教师在对幼儿进行观察时若不做计划，常常会手忙脚乱，错失信息。因此，对幼儿进行观察之前必须制订计划，为观察的实施做好准备。

一、制订观察计划

拟订一份观察计划，观察者可以有的放矢地进行观察。观察计划主要包括确定观察目的、观察对象、观察内容，选择观察地点、观察时间，编制观察记录表等内容。也可以只设计简单的观察提纲，围绕“谁”“什么”“何时”“何地”“如何”“为什么”等问题来开展观察行为。如表2-2所示。

表2-2　观察提纲应包含的观察要素

内容	含义
Who	观察儿童的角色
What	观察儿童的表现
When	何时开始、何时结束
Where	观察地点
How	如何发生
Why	解释说明

(一)确定观察目的

观察目的是对观察什么和了解什么的表述,是观察的全部意图。确定观察目的是准备阶段的重要环节。对儿童进行观察的目的是客观、正确地认识儿童行为的具体表现,以及分析其行为背后的原因。明确观察目的能够帮助观察者在观察时有的放矢,尤其是在某些特定情境下儿童的行为表现并不是特别明显,稍一疏忽便可能错失数据。确定观察目的能够提高效率,提升观察质量。例如,了解儿童的现状(午睡、吃饭、同伴关系等某个方面的发展水平);班级吮吸手指的儿童较多,已经进行教育和指导,想了解这些教育是否有效。

在研究和实践中,观察目的一般涉及以下几个方面:第一,了解儿童的发展状况、兴趣爱好、行为表现、动机态度、情绪体验等,把握儿童发展的规律及特点;第二,改进教育教学工作,以促进儿童更好地发展,如对师幼互动、同伴互动、亲子互动等的观察;第三,了解儿童行为、情绪等方面的影响因素。

(二)选定观察对象

根据观察目的确定观察对象的数量、年龄、性别组成等。可以是个人观察,也可以是团体观察。

在选择观察对象时,教师很有可能选择平时关注较多的儿童,或是选择有明显问题行为的儿童,或是随意决定一名儿童进行观察。挑选好观察对象以后,常常产生怀疑、犹豫和担心:记录的事件怎么这么琐碎?记录是不是没有意义,没有分析的价值?出现这些问题的主要原因在于选择观察对象时较随意,并且没有制订出详细的观察目的。

选择观察对象需要考虑以下问题:你准备观察谁?你为什么要观察这个儿童?你想发现什么?围绕这3个问题进行观察对象的选取。

1. 个体活动观察

个体活动观察是以单个儿童作为观察对象,观察并记录其具体活动,包括对其语言、动作、神态以及与环境、他人互动过程的观察。可以是对一个儿童的观察,也可以是对多个儿童的观察。通过个体活动观察,观察者可了解每个儿童的具体情况,获得儿童在各个方面发展的详细资料,有利于结合儿童的实际情况对其进行有针对性的教育。

在进行个案分析解决具体问题、了解儿童个体差异时,多采用个体活动观察。观察方法可采用日记描述法、轶事记录法等。在进行个体活动观察时,要对观察对象进行全面观察。虽然是将单个儿童作为观察对象,但要将儿童的语言、动作、情绪、神态、行为背后的原因等联系起来作为一个整体进行观察。

2. 小组活动观察

小组活动观察是以小组为单位,将在同一小组活动的多个儿童作为观察对象,观察他们的语言、行为、情绪及与环境和他人互动的过程。小组活动观察能够有效了解儿童的社会性、语言、认知等发展水平。在课堂或游戏分组的情况下可采用小组活动观察,记录相关资料,为指导儿童小组活动提供依据。进行小组活动观察时,观察者着眼于整个团体的活动表现,即儿童之间分工、合作、交往、互动的情况,但也不能忽略小组中每个儿童的表现。

3. 集体活动观察

集体活动观察是对全班所有儿童的整体观察,注重的是所有儿童的综合表现。集体活动观察能够帮助教师总结教学工作中存在的问题,改善教学策略,提高教育教学质量。想要了解某一年龄阶段儿童的总体发展情况或教师的教学情况时,多采用集体活动观察。

进行集体活动观察时应注意以下三个方面:第一,儿童的参与程度,儿童是否对所学内容或所参与的活动感兴趣,有没有积极主动参与,常见的积极表现为举手回答问题,乐于表达;第二,儿童的思维状态,儿童是否积极主动进行思考,想法独特,富有创造性;第三,儿童的情绪状态,儿童是否具有积极的情绪体验,是否能够控制自己的情绪。

(三)选择观察地点

根据观察目的确定观察地点,我们经常选择的观察地点有幼儿园、亲子园、早教机构、家等。若要观察师幼互动,或将大量儿童作为观察对象,可选择幼儿园;若要观察亲子互动,可选择亲子园、早教机构、家、公园等场所。观察地点并不局限于以上场所,只要能满足观察的需要,安全、可行即可。需要注意的是,所选地点要能够观察到所有儿童的行为。在甄选观察地点时应思考以下问题:

在什么地方(场所、情境)进行观察?

在什么活动中进行观察,有什么样的气氛?

这些地方有什么特点?

自己与被观察者之间是否有距离?

这个距离对观察的结果有什么影响?

（四）确定观察内容

观察内容是根据观察目的具体确定的，可以说观察内容是观察目的的具体化。观察内容可以是儿童行为的不同领域，比如可以选择身体动作、语言、智力发展（认知能力）、社会性、情绪情感五个方面中的一个或几个进行观察，还可以选取较小的角度进行观察，比如社会性包括同伴互动、师幼互动、互惠行为、等待行为、轮流行为、攻击性行为、分享行为等较小的角度。

（五）确定观察时间

儿童的行为随时都在变化，有些行为的出现是具有时间性的，例如：儿童的饮食习惯就必须在用餐时间进行观察。

观察时间应充分考虑儿童作息、观察地点、工作时间、家长是否方便等因素，选择合适的时间段进行观察。观察时间不宜过短，观察次数不宜过少，避免观察所得资料具有偶然性，长时间且反复的观察更有利于提高结果的准确性和客观性。考虑到兴趣、态度、动机、情绪体验等多种因素会影响儿童的行为表现，所以最好观察儿童在不同情境或不同类型活动中的行为表现。

（六）确定观察者角色

观察者的角色可以分为局外观察者、观察者的参与、参与者的观察、完全参与观察。局外观察者完全不参与被观察者的活动，也不让被观察者知道自己被观察；观察者的参与指观察者的身份被知道，但参与被观察者的活动时仅限于外人的角色。以上两种观察只能了解行为的种类、次数、程度等表面内容，无法深入了解行为后面的真正意义。参与者的观察指被观察者知道观察者的角色之后，能接受观察，因此有更多的互动及相互影响；完全参与观察指观察者的角色不让被观察者知道，被观察者只知道观察者是他们的一分子。这两种观察需要观察者与被观察者之间建立良好的信任关系，才能收集到真实的资料。

（七）选择观察记录方式

1. 现场记录

要求观察者迅速记录观察到的现象和数据，对观察者的要求较高。观察者既要细致地观察，又要快速准确地记录，有时会忙不过来，错过一些观察内容。但是现场记录的原始数据真实性较高，观察者可用录音、拍照、录像等方式辅助。

2. 事后记录

观察结束后，观察者凭借记忆进行记录。事后记录需在记忆清晰时尽快记录，避免遗忘。但观察者可能会发生记忆混乱、模糊、记错等情况，很容易影响记录的准确性。

3. 现场记录和事后记录相结合

这种方法是指在观察现场时简明、快速地记录观察到的现象和数据，事后将不完整的部分根据回忆进行补充、完善，这样能够有效保证记录的真实性、准确性和完整性。但要注意的是，事后补充应及时，避免记忆消退造成事实遗忘。

观察记录是一个系统的整体，需要有序进行。观察到的每一个现象或数据都应被认真对待。观察者应保证记录真实、客观、科学、严谨、有逻辑。无论选择哪一种记录，都要遵循四个原则：系统性原则、详细性原则、真实性原则、客观性原则。

（八）编制观察记录

根据观察目的、观察对象、观察内容选择观察方法，编制观察记录。观察记录方法包括图表法（追踪、社会交往）、抽样法（时间抽样、事件抽样、快照法）、叙事法（日记描述法、个案记录法、轶事记录法等）、等级评定量表、行为检核表。

完成一份完整的观察记录分为五个步骤：选择目标儿童、撰写目的和目标、记录客观事实、总结行为表现、评价儿童行为并提出建议。此处选取单个儿童的书面记录（叙事法记录）为例，观察记录格式如下：

第×次观察：在系列观察中，清楚记录是第几次，方便查询。

日期：具体到年、月、日，有利于整理记录，分出先后顺序。另外，根据日期还可以算出儿童的实足年龄。

开始时间：
结束时间：}记录时间段，可以明确儿童从事活动的时间长短。

成人人数。

儿童人数：虽然这里记录的是单个儿童，但仍需要记录他所在的小群体的人数。因为这个小团体和他有密切关系。

儿童姓名：为了保密，可以用缩写，如汪玲用 WL 表示。

年龄：具体到月份，以便算出实足年龄，如5岁2个月。

环境：相关人、事、物的介绍。

目的：列出要探究的发展领域。

目标：列出要观察的具体能力及表现。

观察记录：要求规范、客观、即时、详细、具体。

结论：根据观察目的、目标来写，叙述观察到了什么，即总结儿童的行为表现。注意：①围绕目的、目标做结论；②结论需具体、客观。

评价：将观察结论与目标年龄阶段儿童应有的表现做比较，也可以将观察的某个儿童与班级中同一年龄阶段的其他儿童做比较。

建议：提出指导或教学建议。

二、准备材料与工具

准备观察所需材料，完善工具，以顺利完成记录。

（一）计时工具

计时工具包括秒表、手表等。如果采用时间取样法进行观察，计时工具是必备工具。采用其他方法进行观察时，也需要记录幼儿行为表现持续的时间。

（二）影音记录工具

在条件允许的情况下，可使用录像机、录音笔、照相机等设备对儿童行为进行记录，不仅能够保留真实的原始数据，还可以借此反复观察，减少错误。在选择影音记录工具时，要了解其操作方法，防止在观察过程中因为操作不当而错失真实的资料。

（三）其他

其他所需材料包括纸、笔、便笺等。实际观察时可能还会用到其他材料，比如对儿童进行测试时用的实验材料（玩具、影音资料、图片等）。

有时观察者无法单独完成观察，需要助手协作。但实际观察之前需要对助手进行培训，让助手明确观察目标和内容，学会操作仪器，掌握相应理论知识和注意事项。

三、观察前的自我准备

为了使观察能够按照计划顺利进行，正式观察前需注意以下几个方面。

（一）与教师、家长沟通

如果观察者不是幼儿教师，如学前教育专业的学生或高校教师等，那么观察的顺利进行离不开幼儿教师的帮助和参与。因此，在观察之前，观察者要与幼儿教师充分沟通，表明自己的观察意图以及需要教师协助的具体事情。幼儿教师大都非常了解班上的儿童，有时能为观察者提供一个较佳的观察时机，还能进一步解释儿童行为背后的原因。

家长是儿童背景信息的提供者。亲子关系、教养方式、父母的社会经济地位等因素对儿童的行为有着重要影响。家长能够提供许多观察者不知道的宝贵信息，有利于观察者对儿童行为表现做出科学合理的分析与判断。家长还是儿童在家及除幼儿园以外其他环境中行为表现的观察者和记录者，是专业观察者的合作伙伴。因此，在观察之前与家长进行充分沟通是很有必要的。

（二）观察位置的选择

在非参与性观察中，观察者所在的位置对儿童有很大的影响，可能导致儿童分心、注意力不集中等，从而影响观察结果。例如，下面这位观察者在观察记录中写到，自己在观察时对目标儿童产生了影响。

整个活动持续了23分33秒，我观察的这个小女孩——小希注意力分散了18次，总计4分45秒。总体来看，小希的注意力还是集中在剪纸上，但是每次集中注意力的时间比较短。尤其是在活动的前半段，不停出现注意力分散的情况。另外，虽然采取的是非参与性观察，但是我刚好坐在小希抬头就能看到的地方，因此对她的活动有一定的干扰。下次进行观察时，我需要调整到比较隐蔽的位置。

采用非参与性观察时，观察者的位置是非常重要的。观察者应选择距离儿童较远或相对隐蔽的位置，以避免对儿童的行为造成干扰。但是，不可以让观察对象超出视野范围，要保证能清晰观察全部观察对象。位置确定后尽量不要变换。

（三）观察者的自我反省

1. 观察者要有足够的耐心

观察对象是0~6岁的儿童，他们是心智尚不成熟的群体。有时儿童对观察者的意图并不明白，需要向其解释；有时儿童对提供的材料或进行的活动失去兴趣，注意力转移，需要耐心地对他们进行引导；有的儿童喜欢大喊大叫，吵吵闹闹，观察环境较为嘈杂，观察者应尽量避免产生厌烦情绪。另外，观察者对观察时间和观察次数要有足够的耐心，观察并不是短时间内就能完成的，也不是一两次就能收集到足够有效数据的，观察者要沉下心来观察。

2. 不随意做判断，不给儿童“贴标签”

观察者要客观记录真实现象和数据，依据专业知识科学地进行分析，不能随意根据主观经验做出判断或假设。在幼儿园观察时，常发现教师们提到诸如“捣蛋鬼”“调皮鬼”等类型的儿童，他们相比其他儿童更加活泼好动。这时，观察者要注意，不要给儿童“贴标签”，不要将主观因素融入观察记录中。观察者应公正客观地看待每一个儿童，如实记录每一个观察对象的行为表现。

（四）尽量排除可能干扰因素

观察者在观察前，首先要排除环境及人为的干扰，才能让注意力集中，专心观察。

1. 尊重儿童的选择

观察应尽量在自然环境下进行。儿童处于自由、宽松的氛围才能够展现最真实的自己。儿童虽然是正在发展中的个体，但有独立的人格，应得到和成人一样的尊重。儿童的选择体现出他的兴趣爱好、态度动机、情绪情感、发展状况等，尊重儿童的选择也就是尊重儿童的发展。因此，观察者应尽量不随意参与儿童的活动，不误导儿童。

2. 避免引起儿童的注意

儿童的认知能力尚不成熟，无意注意占优势，有意注意逐渐发展，注意力易分散。观察者要避免引起儿童的注意，减少对儿童行为和情绪的影响。

（五）观察前的思考

观察前需对下列事项进行思考：观察记录前，相关专业知识与能力的学习与培养；观察记录前，观察计划、观察工具及材料的准备情况；观察记录的方向与流程；现场记录容易出现的问题；等等。这些都要经过深思熟虑，确保万无一失。

四、进行预观察

准备充分之后，观察者就可以进入观察地点开始预观察了，这是进行正式观察之前的观察。预观察可以帮助观察者在正式观察前及时发现问题，弥补不足，为正式观察做好准备。

案例分析

幼儿中班个案分析:我再也不欺负人了

案例背景:

5岁的思舒小朋友的家庭环境很特殊。父母在18岁生下了他，然后就把他交给奶奶抚养。后来妈妈离家出走，至今没有回来过，失去了联系。所以家庭教育状况比较差。

案例状况:

一天中午午睡后，生活老师在幼儿睡房整理铺盖，我当时在给小女孩们梳头，就安排小男孩们上厕所、洗手、去区角玩。突然欣杨小朋友在建构区大声哭喊，当我走到现场，发现欣杨的手被思舒咬了一口，旁边的幼儿纷纷证明是思舒咬的欣杨。生活老师把欣杨送到医院就诊，我单独和思舒谈话，可是平时爱欺负小朋友的他却不肯承认错误。

指导策略:

(1)针对这样的情况，我在故事活动和谈话环节对孩子进行心理上的疏导，给予孩子充分的肯定，并对他进行表扬。

(2)私下进行个别谈话，讲一讲他在幼儿园的一些小细节，让孩子了解老师是时刻注意到他的，与孩子产生心灵上的碰撞，交上真正的朋友。

(3)与家长沟通，使家长认识到孩子心理健康发展的重要性，家长以积极、正面的态度引导孩子，帮助孩子学会认识自我、评价自我、控制自我。

(4)让幼儿知道欺负小朋友的严重性，慢慢培养幼儿爱护自己、爱护他人的意识。

案例小结：

对于中班幼儿思舒小朋友，老师需要经常关注，并联系家庭教育，增强其各方面的意识和行为。慢慢地，聪明的思舒小朋友就改掉了欺负人的坏习惯。在这个过程中，有老师的耐心引导，也有奶奶的严厉教导。所以，在幼儿教育过程中，要把爱和严结合起来。

分析与思考：

通过思舒小朋友这件事，我深深感受到，老师正确看待每个孩子有多重要。孩子是家庭的希望、祖国的未来，而幼儿教育又是现代教育体系的重要组成部分，所以对孩子进行正确的幼儿教育是十分必要的。老师在幼儿教育中要善于引导，在工作和生活当中要善于发现孩子的优点，并根据孩子的特点，因人施教。当他们有了进步，要及时给予表扬、鼓励；当他们出现错误，要及时教育其改正，并用包容的态度对待他们，使他们认识到自己存在的价值，增强自信，从而促进幼儿个性健康发展。

幼儿中班个案分析：不乱扔垃圾

思考与练习

观察背景：

姚姚是大班的一个小女孩，我的观察对象。她有一双大大的黑眼睛，长得十分乖巧可爱。姚姚是一个比较安静内向的幼儿，平常话语不多，不主动举手或者参与同伴们的游戏或交流。

观察一：

今天的晨间活动是练习跳绳。自由练习时，姚姚一个人在一旁跳着。当有其他幼儿靠近时，她会说："你让一下，你让一下。"后来，很多幼儿开始相互比赛，大家一起组队，但是没有人叫姚姚一起参加，姚姚也没有想要参加的意思，离其他幼儿远远的。

在一次社会课中，郑老师要求每一组幼儿合作搭建一座社区。很快，大家开始七手八脚地搭了起来，姚姚所在的那个小组也不例外。姚姚只是负责给小组拿一些材料，并没有直接上场参与，而其他几名幼儿也是自己搭自己的，没有注意到姚姚，当然也没有邀请她一起玩。

一次体育课的游戏，老师要求每一组的幼儿全部到达终点才能算胜利。姚姚所在的小组除了她都到了终点，于是大家大喊着："我们胜利了，我们胜利了。"他们却没有发现，其实姚姚还没有到。

观察二：

快到期末了，我发现姚姚基本不在课堂上举手发言，偶尔被老师抽到回答问题时，也非常紧张。一次，姚姚不小心把牛奶洒在了地上，郑老师看见了，就问："是谁把牛奶洒在地上的，没有人回答吗？"姚姚悄悄地离开了现场，到厕所把自己的杯子洗干净后回到了座位上。

有一次晨间活动的时候，发生了一个小小的意外，姚姚不小心把皮球从二楼踢了下去。本来姚姚只是想把皮球踢回去，没想到踢到了楼下。姚姚一下子惊呆了，脸上全是惊恐的表情，接着她转头四处看了看，发现我也看见了这一情况立刻向我跑过来。"老师，怎么办啊？"姚姚轻声地问，小手紧紧地抓着我。我给她建议："我们下去捡球吧。"姚姚表示同意。"但是得先和郑老师说一下吧。"我说。姚姚一听要把这件事告诉郑老师，怎么都不愿意了，一屁股坐在地上。"怎么了？"我问她，"你不想让郑老师知道，为什么呢？"这时，郑老师刚好走过来。"姚姚，球是你踢下去的吗？"郑老师问。"嗯。"姚姚低着头。"万一下面有弟弟妹妹怎么办？"姚姚看上去吓了一跳，显然她没有想到下面还有弟弟妹妹在玩游戏。

请分析姚姚存在这些行为的原因，并提出帮助她的方法。

考查要点

了解观察者在观察儿童前的准备工作，制订详细的观察计划，准备观察所需的材料，在此基础上进行预观察。在实施观察之前，要选择适宜的观察位置和观察方法，思考观察过程中会出现的问题。

思考与实训

思考：

1. 简述观察者应具备的专业知识。

2. 简述学前儿童发展的特点。

3. 简述观察的方法。

4. 简述观察计划的内容。

5. 简述观察实施的一般过程。

实训：

3岁的阳阳从小跟奶奶生活在一起。阳阳刚上幼儿园时，奶奶每次送他到幼儿园准备离开时，阳阳就开始又哭又闹。当奶奶的身影消失后，阳阳很快就平静下来，并能与小朋友们高兴地玩耍。由于担心，奶奶每次走后又折返回来，阳阳再次看到奶奶时，又立刻抓住奶奶的手，哭泣起来。

问题：针对上述现象，请结合材料进行分析：

（1）阳阳的行为反映了儿童情绪的哪些特点？

（2）阳阳奶奶的担心是否有必要？教师该如何引导？

推荐阅读

[1]王烨芳.学前儿童行为观察与分析[M].南京：江苏教育出版社，2012.

[2]Dorothy H. Cohen，Virginia Stern，Nancy Balaban，等.幼儿行为的观察与记录：第5版[M].马燕，马希武，译.北京：中国轻工业出版社，2013.

[3]李晓巍.幼儿行为观察与案例[M].上海：华东师范大学出版社，2017.

[4]阿诺德·格塞尔，弗朗斯·L.伊尔克.现代文明中的婴幼儿：儿童行为和人格培养指南[M].桑标，胡经纬，程琛，译.上海：上海人民出版社，2015.

[5]蔡春美，等.幼儿行为观察与记录[M].上海：华东师范大学出版社，2013.

[6]施燕，章丽.幼儿行为观察与记录[M].上海：华东师范大学出版社，2015.

第3章 学前儿童行为观察与分析的内容

幼儿园小朋友小志穿衣服时经常穿错，常表现出烦躁无奈的情绪。幼儿园放学时，小志通常是最后被接走的。他一会儿大声哭喊，表达自己的不满，一会儿安静地坐在活动室的座位上等妈妈，望着小朋友一个个被接走，小志越来越伤心。当他终于等到妈妈时，脸上又洋溢着满满的幸福。案例中小志的行为、情绪不停变化，他的情绪为什么会变化？这就需要幼儿教师认真地观察与分析，找到小志行为、情绪变化的原因，寻找到解决方法，这样才能促进学前儿童健康快乐成长。

【学习目标】

1. 知识目标：了解学前儿童常规生活活动、教学活动、游戏活动的目标；理解并掌握学前儿童常规生活活动、教学活动、游戏活动观察与分析的主要内容。

2. 技能目标：能够对学前儿童的常规生活活动、教学活动、游戏活动进行观察和分析，并据此解决学前儿童发展中出现的问题。

3. 情感目标：热爱儿童，尊重儿童，热爱学前教育事业。

【学习重点】

1. 理解并掌握学前儿童常规生活活动、教学活动、游戏活动观察与分析的主要内容。

2. 以观察和分析为基础解决学前儿童发展中的问题。

【知识结构图】

- 学前儿童行为观察与分析的内容
  - 常规生活活动观察与分析
    - 学前儿童常规生活活动的含义
    - 学前儿童常规生活活动的目标
    - 学前儿童常规生活活动观察与分析的内容
  - 教学活动观察与分析
    - 学前儿童教学活动的含义
    - 学前儿童教学活动的目标
    - 学前儿童教学活动观察与分析的内容
  - 游戏活动观察与分析
    - 学前儿童游戏活动的含义
    - 学前儿童游戏活动的目标
    - 学前儿童游戏活动观察与分析的内容

第一节
常规生活活动观察与分析

一、学前儿童常规生活活动的含义

学前儿童常规生活活动指学前儿童在幼儿园中每天都要经历的一日活动中各个生活环节的日常活动。常规生活活动是培养学前儿童良好生活习惯与基本生活能力的基本途径。《幼儿园工作规程》明确指出："幼儿园日常生活组织，应当从实际出发，建立必要、合理的常规，坚持一贯性和灵活性相结合，培养幼儿的良好习惯和初步的生活自理能力。"在幼儿园，学前儿童的常规生活活动的每一类、每一项都有明确的内容、时间和程序，以保证学前儿童的一日生活有秩序、有规律，这有利于培养学前儿童良好的生活习惯、卫生习惯和基本生活自理能力，是实现幼儿园教育目标的重要保证。

二、学前儿童常规生活活动的目标

开展学前儿童常规生活活动的主要目标有：

第一，引导儿童懂得有规律的生活有益于健康，使其自觉遵守作息时间和生活制度。

第二，让儿童学习生活的基本技能，培养儿童的基本生活自理能力，包括吃饭、穿衣、刷牙、洗脸、收拾玩具、铺床等生活技能。

第三，培养儿童良好的生活习惯和卫生习惯。生活习惯包括讲文明、讲礼貌、不玩水、不浪费水、不影响他人休息、把衣物整齐地放在固定位置等。卫生习惯包括饭前便后洗手、定时排便、不乱扔垃圾、爱护公共卫生等。

在对学前儿童开展常规生活活动时要注意以下几点:

第一,对不同年龄阶段的儿童要求应有差别。根据不同年龄阶段儿童身心发育的特点,教师应安排不同的常规生活活动,一般小班为最基本的生活活动,中班、大班的活动逐渐增多,难度增大。

第二,具体而规范。学前儿童在幼儿园一日生活的每个环节都必须按照常规生活活动的具体要求接受培养和训练。通过日复一日的动力定型,儿童就会养成良好的生活习惯。

第三,保育和教育相结合。培养儿童生活常规需要保育和教育相结合。儿童年龄越小,越需要通过保育的手段使其养成良好的习惯,并使其生活的每一环节接受教育。

第四,注意照顾个别差异。不同年龄、体质、气质的儿童,生活和学习的能力有明显的差异。尤其是体弱多病的儿童,完成常规生活活动较困难,需要特别照顾,教师应给予耐心细致的帮助。

三、学前儿童常规生活活动观察与分析的内容

常规生活活动是学前儿童生活的主要内容,观察学前儿童常规生活活动是观察学前儿童的起点。在幼儿园,常规生活活动包括入园、盥洗、进餐、饮水、如厕、自由活动、午睡、离园等各种基本活动。观察学前儿童的常规生活活动实际上就是观察学前儿童在这些基本活动中的行为表现。下面将主要说明观察常规生活活动的总体内容和典型活动观察与分析的内容。

(一)常规生活活动观察与分析的总体内容

1. 引发儿童活动的诱因

儿童从事一项活动一定有诱因,不管是外部的还是内部的,我们通常称为刺激。刺激可能是显而易见的,例如,教师明确告诉儿童一件事;也可能是不明显的,如源自儿童内心无法解释的冲动。对于一项活动,我们观察时可以追问一系列问题:儿童为什么这么做?是教师单独要求的,还是教师通知全班同学这样做?还是该儿童注意到其他儿童的行为,然后照着做的?或是该儿童一时冲动做的?总之,我们需要清楚是什么原因让儿童投入这项活动中。

2. 儿童活动时的情境

儿童活动时的外围环境可以看作儿童活动的情境。对于儿童活动时的情境，我们要重点注意两个方面：一方面是儿童活动的硬件设施，如活动发生区域内的椅子、桌子、玩具等；另一方面是注意儿童活动时周围有哪些重要的人及这些人正在做什么。一般而言，这些人可以是父母、教师等成年人，也可以是儿童的同伴，还有可能是陌生的访客。

3. 儿童活动时的反应

在一项常规活动中，儿童的反应是观察与分析的核心内容。行为主义认为，通过外在反应可以了解儿童内在的心理变化。而儿童心理学则认为，除了通过外在反应可以了解儿童内在的心理变化，儿童外在行为反应本身也具有重要的价值，如儿童行为反应是儿童身体发展的重要指标。

观察和分析儿童行为反应时的内容主要有：

(1)如果行为是由教师发起的，儿童会做何反应？他是接受还是抵制这种行为？

(2)如果行为是儿童自发的活动反应，那么儿童是怎样展开此活动的？是急切地还是悄悄地，抑或是平静地？

(3)儿童对待该活动的认真程度怎样？他表现出多大的兴趣？

(4)儿童如何控制自己的行为？是笨拙地还是轻松自如地？

(5)儿童能胜任活动中的任务吗？

(6)儿童具备一些特殊能力吗？这些能力符合他的年龄吗？

此外，我们还需要观察和分析儿童的其他行为反应。比如说，该儿童想要独立活动吗？在集体活动中，他的行为表现如何？哪些外部因素可能影响儿童的反应？……

4. 后继活动

儿童在活动结束后的后继活动某种程度上受先前活动的影响。后继活动有可能是一个独立的新活动，也可能是先前活动的延续。通过观察和分析后继活动，我们能够知晓儿童活动中行为反应的全貌。通常，我们可以重点关注以下两方面的内容。

(1)后继活动是新活动还是先前活动的延续？

(2)儿童是怎样接受随后的活动的？是高兴地还是极不情愿地？

对后继活动进行观察和分析也能够使我们知道儿童在活动中的情感投入。如果儿童在活动结束后还继续自发从事原先的活动，某种程度上可以说明儿童在先前活动中还是比较投入的。

案例分析

教师对儿童穿衣行为的观察记录

老师一宣布穿衣服的时间到了，3岁的小恩就大喊一声“酷”，然后迅速奔向他的储物柜，呼啦一下把帽子扣到头上，取出外套和裤子，拖着脚走到正准备帮助大家穿衣服的老师那里。“好了！”他得意扬扬地看着老师，“给你我的裤子，请帮我把它们放好！”老师将裤子展开，小恩蹲在地上，把上衣扔在地板上。他飞速地将一只脚伸进裤子的裤脚，然后另一只脚再迅速扭动，变成站立的姿势。他一边晃动身体，一边将裤子的背带挎到肩上，并将外套拿了过来，他若有所思地盯着外套看了一会儿，就递给了老师。然后转过脸背对着老师，等着老师把外套举到合适的位置。等他把外套拉上的时候，没有注意到衣领是折着的。他摸索着拉链，很显然想拉快一点儿。[①]

案例分析：在上述案例中，幼儿园教师首先记录了小恩小朋友穿衣的外在因素，即穿衣是教师宣布决定的。其次，记录了该行为的外在环境，储物柜就是一种外在的环境。最后，我们也能看到儿童穿衣的系列反应。当然，我们可以对该儿童的后续活动进行猜想，例如穿好衣服高兴地吃饭去了，穿好衣服不情愿地回到了活动室，等等。

（二）典型常规生活活动的观察与分析内容

1. 进餐行为的观察与分析

观察进餐的行为反应时，首先需要事先了解儿童与父母的关系如何。一般来说，亲密度较高的父母更关注儿童的进餐行为，儿童在进餐时也会有好的行为表现。其次，我们应注意儿童的进餐态度及进餐的流畅度。从这方面可以看出

① Dorothy H. Cohen，Virginia Stern，Nancy Balaban，等．幼儿行为的观察与记录：第5版[M]．马燕，马希武，译．北京：中国轻工业出版社，2013.

儿童的自信度和社交能力。自信度高的儿童通常自我控制能力较强，那么儿童就有可能正常进餐，照顾好自己的身体需求。因此，儿童不能正常进餐时，其可能存在一定程度的焦虑和压力。作为观察者，我们主要观察的内容有以下方面。

(1)进餐的环境。我们要知道儿童是在哪里进餐？教室、餐厅，还是其他地方？谁在分发食物，是教师还是儿童自己？儿童对食物有自主选择权吗？进餐过程中是安静的还是吵闹的？准备的食物是否充足，儿童吃完不够可以再添加吗？

(2)儿童对进餐环境的反应。在进餐中儿童是接受的，还是抵制的？儿童进餐时的认真度和随意度有多大？儿童是怎样靠近餐桌的，是积极地、热情地，还是害羞地、谨慎地？

(3)儿童的食量。儿童是吃了半份，还是两份？肉和蔬菜是怎样搭配的？和其他儿童相比，该儿童是吃得多还是少？

(4)儿童的进餐方式。儿童是怎样用餐具的，用手抓吗？儿童玩食物、扔食物或者把食物含在嘴里吗？儿童能有条不紊地进餐吗？儿童在餐桌旁是紧张的还是舒适的？儿童能否坚持到进餐结束？

(5)儿童进餐时的交流行为。儿童在进餐过程中和谁说话？除了说话还有其他交流行为吗？儿童是否只顾交流而忽视了进餐？儿童是与特定的人交流，还是随意与人交流？

(6)儿童对食物的兴趣。儿童有特殊的好恶吗？儿童是怎样评价食物的？儿童的进餐速度如何？

(7)儿童是如何结束用餐的。是砸吧着嘴，是面无表情，还是推开椅子，或是把椅子撞倒？

(8)儿童用完餐后的活动。用完餐后儿童是在教室跑来跑去，还是等待着老师？还是去洗手间？还是到餐车帮忙整理餐具？还是到别的小朋友的碗里找更多的食物？

此外，我们还需要关注成人在儿童进餐中的行为和儿童进餐的具体行为的出现顺序。

2. 如厕行为的观察与分析

如厕是学前儿童常规生活活动的重要内容。从儿童的如厕行为，可以部分地了解儿童对自己身体的态度以及有关自己的其他重要问题的态度，如多数儿童将生理功能和对身体的控制力视为成就感和自豪感的源泉，还有部分儿童在如厕时，存在与年龄不相符的行为表现。这些行为表现都影响儿童将来的性观念和身心健康，因此，观察和分析如厕行为具有重要意义。通常可以从以下方面入手观察和分析。

（1）观察和分析刺激的来源。

儿童为什么上厕所，是自身的生理需求，还是对同伴的模仿，抑或是教师的要求和集体活动的要求？这些都需要观察者了解。

（2）观察和分析儿童的行为态度。

儿童对上厕所是接受还是抵制？有的儿童明显需要上厕所，但其就是不喜欢幼儿园的厕所，还有的儿童拒绝跟大家一起如厕，表现出明显的拒绝行为。但多数儿童是高兴地、迅速地、独立或者在同伴和老师的陪伴下上了厕所。具体的情况，需要客观地观察和分析。

（3）观察和分析儿童的情绪反应。

通常，教师要重点关注儿童如厕时有没有恐惧或紧张的反应，紧张时儿童往往会身体僵硬、抓生殖器、哭泣等。还需要注意在如厕过程中儿童的认真度。

（4）观察和分析儿童的行为方式。

儿童在如厕时能够控制自己的行为吗？儿童是顺利、熟练地完成整个如厕环节，还是慢吞吞、笨拙地完成如厕？整个过程中儿童的身体是否存在不协调的情况，或者跟同龄人相比是否有明显的滞后或超前发展？这些都是需要观察和分析的。

3. 午休行为的观察与分析

学前儿童午休也有特定的行为方式。对成年人是否信任、是否接受午休的安排等都能体现出儿童身体的紧张程度和放松程度。一般而言，儿童在新入园、刚与父母分离或经历了重大变故时，在午休时会表现出符合他心境的反应，这些反应在旁观者看来极为异常。观察和分析午休行为反应是改变儿童不合理行为，促使其养成良好午休习惯的前提。

（1）观察和分析儿童的午休诱因。

观察和分析儿童午休是内在的生理需求还是外在的命令或要求。通常，教师需要思考的问题有：儿童是在固定的时间主动躺下，还是教师感觉儿童困倦了，要求儿童入睡？儿童是否明白午饭后自己该做的事情？

（2）观察和分析儿童的午休行为反应。

儿童需要午休时身体有什么表现？是不是有打哈欠、眼睛发红、发脾气、不时摔倒等疲劳的行为表现？睡觉的时间有多长？睡觉过程中是安静的还是有不舒服的表现？如果儿童不睡觉，看上去舒服吗？儿童是否需要玩玩具等才能入睡？

(3)观察和分析儿童午休的情绪反应。

儿童对午休是自愿的还是接受或者抵制的？有没有明显的紧张行为，比如坐立不安，吃大拇指，揪耳朵？是否会找借口离开床位？这些具体的行为都可以为判断儿童的情绪状态提供参考。

(4)观察和分析儿童午休的社会性反应。

儿童在午睡时需不需要成人的陪伴或关注？比如需要成人轻拍、坐在旁边。在休息时间儿童会大喊大叫、跑来跑去、在床上爬来爬去等，打扰同伴吗？会与临床的儿童说话或者打暗号吗？会有意识地小声说话或悄悄走动吗？通过观察这些内容，我们可以很好地了解儿童的个性和社会性发展情况。

案例分析

在游戏场地，罗伯特站在包装箱顶上，提着他的裤子上下摇晃，他看见了老师，说："我想进屋。""好吧。"老师回答道，"你想上厕所吗？""是的。"他急忙爬下来说，"我不想让你看见。"进屋以后，老师说："我会关上门，你想要马桶坐垫吗？"罗伯特皱了一会儿眉："不，我还不知道我要做什么。我想让门一直关着。"

老师关上门等着罗伯特。过了几分钟，他喊道："我现在上完了。"之后，他猛地打开门，趾高气扬地走了出来。"你想洗手吗？"老师问。罗伯特惊讶地扬起眉毛："不，因为那样我就要准备喝果汁吃饼干了，现在还不到时间。"他蹦跳着去了操场，在水桶里玩水，疯狂地甩手，然后举起双手，把手指分开，说："看看我的手，干净了！"①

案例分析：从上述记录，可以知道罗伯特如厕是自身的生理需求，无外在的因素。罗伯特如厕时已经有了害羞的反应，整个如厕过程罗伯特都有点犹豫。但是罗伯特如厕结束后没有立刻洗手，记录初步给了我们原因，即罗伯特认为还没到喝果汁和吃饼干的时间，至于具体原因还需要进一步分析。

思考与练习

选取幼儿园常规生活活动的一个片段，对每一个儿童的行为进行观察，将观察到的内容以文字的形式记录下来。

① Dorothy H. Cohen，Virginia Stern，Nancy Balaban，等.幼儿行为的观察与记录：第5版[M].马燕，马希武，译.北京：中国轻工业出版社，2013.

第二节 教学活动观察与分析

一、学前儿童教学活动的含义

广义的学前儿童教学活动是指学前教育机构全部教学活动的总和。在幼儿园里面，我们主要讲狭义的学前儿童教学活动，主要指根据国家学前教育目标和任务，结合社会需求和学前儿童身心发展规律而专门设计的、多种形式的，有目的、有计划地引导学前儿童主动活动的学习活动。学前儿童教学活动的教育内容和形式都比较灵活，在教育形式上表现为集体、分组、个人活动，在具体领域上涉及健康、社会、科学、语言、艺术五大领域。

二、学前儿童教学活动的目标

学前儿童教学活动的目标是建立在我国教育总体目标的基础上的，同时，学前儿童教学活动在五大领域各有自身的目标。在五大领域的目标中，我们又必须遵循儿童的年龄阶段特征，制订小、中、大班各年龄阶段的目标，具体可以参见《3—6岁儿童学习与发展指南》（以下简称《指南》）。

三、学前儿童教学活动观察与分析的内容

（一）儿童学习行为的观察与分析

儿童在学习的过程中，大脑是否处于活动状态，是否在积极地参与教学活动？我们可以从以下的问题着手观察与分析。

（1）儿童在学习中有没有跟学习相关或无关的肢体活动？

(2)儿童是否表现出某方面的好奇心？具体来说，我们可以观察与分析儿童表现出好奇心的频率有多高，以什么方式表现好奇心，学习完后是否会自己进行一些尝试性的学习。

(3)儿童是否会提出某一类别的问题？儿童提出问题后，我们要观察和分析儿童提出问题的目的，是出于自己的好奇还是想受到教师的表扬？

(4)儿童是否会就教学活动中某个人物或某件事提问？是否会结合自己的生活经验提问？是否就课堂中学习到的内容提问？

(5)儿童在学习中做了何种尝试？教师可以观察和分析的内容有：在阅读中，儿童会自信地读出来吗？他会利用教师或同伴的提示吗？他是否按教师的要求来学习，或者自己探索？他是否喜欢将颜色混合起来并调制新颜色？在讲故事或集体讨论中，他的声音是否有特别之处？

(6)在学习中儿童是否会分心？通常我们重点观察和分析的是儿童是否会受到以及在多大程度上受到无关刺激的干扰，还有在重要的时间节点(比如快要吃饭或离园时)有没有分心行为。

(7)儿童完成学习任务是否经历了一系列步骤？我们要注意，儿童在完成一个适合自己年龄段的任务时，是仓促的还是善于反思，或是顺从的。当一个方法不可行时，儿童会不会频繁地更换从事的事情，或是尝试不同的方法，或者询问教师和其他儿童？

(8)儿童在学习中是否有坚持完成任务的毅力？我们可以通过观察儿童是否专注于寻求答案和具体知识，在寻求答案的过程中有没有表现出兴奋来分析。通过观察儿童在一天中典型的学习行为，我们可以对儿童的认知能力有个大概的推测。

(二)儿童语言运用情况的观察与分析

儿童通过语言构建起对周围现实生活的认知，形成同他人的联系。学前儿童教学活动本质上是教师与儿童间的互动交流。在交流中，教师引导儿童运用语言，不断提高儿童的语言能力。对儿童语言运用情况的观察与分析可以从以下七个方面展开。

1. 儿童语言交往目的的观察与分析

在教学活动中首先要观察和分析儿童语言交往的目的，我们要知道儿童交往是为了表达需求，还是为了分享愉悦的生活经验，或是因为要求、请求。我们还需要明确儿童语言交往的对象，是教师还是同伴。

2. 儿童幽默情况的观察与分析

幽默来自儿童识别不协调情形的能力。当儿童经历意想不到的事情时，他们会开心地大笑，比如在教学活动中突然听到自己感兴趣的内容。要理解语言中的幽默，需要语言和概念认知达到一定水平。要感受到滑稽，首先要理解语言中有什么不协调之处。所以，我们一定要留心儿童会不会对一些滑稽的行为做出笑的表情，或通过幽默能力判断儿童语言发展水平。

3. 儿童语言理解能力的观察与分析

教师要观察儿童是否能够理解教师对他们的话语、要求。以下几个指标具有重要的参考价值：首先是儿童的面部表情，比如恼怒、恐惧、兴奋；其次是儿童的动作，表现为儿童能对教师的动作做出积极或消极的回应；再次是儿童非言语的情感表达，比如笑、流泪、拍手、跺脚等动作；最后是儿童的语言回应，比如“好的”“不，我不干”等。

4. 儿童词汇量的观察与分析

儿童的词汇量受家庭和社区的影响极大。儿童使用的词汇可以体现他们的思维发展水平，也可以从侧面说明教学活动的效果。在教学活动中，我们可以观察和分析的内容有：

（1）儿童的词汇使用是否足以表达个人的需求？

（2）与同龄的、同背景的其他儿童相比，该儿童的词汇量如何？

（3）儿童的词汇是否存在地域差异？

（4）儿童是否具备了使用词语指称地点的能力？

（5）儿童的语言中是否包含对于该年龄的儿童来说令人意外的词语？

（6）儿童会不会区分近义词，会不会押韵？

5. 儿童语言叙事风格的观察与分析

儿童常会以一种极为个性化的风格来讲述故事。教师进行观察与分析时，要弄清儿童叙事是按照主题事件挨个阐述，还是将多个事件以一种与某个主题相关的形式联系起来。在教学活动中，教师应该不加干扰地记录儿童的叙事风格。教师要知道，儿童是通过语言和故事将自己的社会和文化经验带到课堂中来的。

6. 儿童语言模式的观察与分析

语言模式主要指语言的形式和结构,具体包括句子结构、方言、发音和吐字等。教师观察和分析儿童的语言模式,能够判断儿童具体的语言发展状况。在句子结构方面,教师要观察和分析儿童运用的是单词、短语还是句子,是否会使用代词。在方言方面,教师应要求儿童讲普通话,观察和分析方言产生的原因,纠正儿童讲普通话时夹杂的方言。在发音和吐字方面,教师在教学活动中要观察和分析儿童在哪些字母发音上存在困难,儿童发音是否会随着时间的推移发生变化,儿童是否存在有些音发不出的情况等。

7. 儿童读写能力的观察与分析

儿童处于读写能力的萌芽期,教师在教学活动中观察和分析儿童的读写能力可以进一步判断儿童的语言发展状况,检查教学活动的效果。教师主要的着手点有:第一,该儿童是否建立起讲话和书写文字的联系?第二,该儿童完成书写任务有困难吗?他兴趣浓厚、热情高涨吗?第三,该儿童是否模仿教师书写的字词、符号?第四,该儿童是否理解从左向右的书写顺序?读书时书的摆放方向是否正确?第五,该儿童在书写时会不会灵活变通或模仿尝试?第六,该儿童的书写能力会不会随着时间的推移而进步?

案例分析

黛西把两块长积木放在地板上。她又加了一些小块积木,然后有条不紊地沿着地基建造围墙。她轻松地围着不断增高的建筑物移动,小心地不碰到建筑物的任何地方。洛伦佐加入进来说:"我们来搭一座大房子吧。"黛西同意了。他们开始一起搭积木。"我来搭一扇窗。"黛西一边说着一边把两块积木摆好位置搭一个出口。"不能搭在顶上。"洛伦佐大声嚷道,假装生气。他们都放声大笑起来,黛西把两块单元积木放在屋顶上,说:"这是门。""好吧,"洛伦佐表示同意,"但是他们怎么出来呢?他们需要楼梯。你搭楼梯,我来搭其他的东西。这真的会成为一座大房子。"

搭好楼梯之后，黛西宣布："我来搭电梯。"洛伦佐问她："你怎么搭电梯呢？""嗯，可以这样搭。"黛西解释说。她推倒楼梯，开始搭一个隧道形状的结构，朝着他们房子的方向延伸。"你的想法真糟糕。"洛伦佐喊道，"它不会连到房子上。""不会吗？"黛西问，然后她推倒了"电梯"，说："让我们来搭楼梯吧。哦，我有一个更好的主意，可以把底下当房子。"（这时候这个建筑物已经有两层了。）"我知道可以把底下当房子。"洛伦佐说。"但是顶上是什么？"黛西有些困惑。"阳台。"洛伦佐回答。黛西回到她原来搭建楼梯的位置，靠着建筑物搭了一个斜坡。"看，"她说，"你刚好可以走下来。"

"是的，是个好主意。"洛伦佐同意了。黛西拿来一个装有学生姓名标签的盒子，两个孩子从中找到了自己的标签，并把它们摆放在建筑物非常显眼的角上。他们后退几步，看着自己的作品，满意而自豪地笑了。[①]

案例分析：上述案例中，记录者清楚地记录了两名儿童在构建活动中的语言交往行为。从记录中，我们能感觉到儿童在构建中对某些细节的困惑，他们在边做边想的过程中，用语言表达了他们的想法。从语言的表达中，我们能够感受到两名儿童的目的，也能够看到他们的交谈方式、语气和词汇积累等情况。

思考与练习

以旁观者的身份，将小班某一领域教学活动中小朋友的语言表达作为对象进行观察与分析，形成文字记录。

① Dorothy H. Cohen, Virginia Stern, Nancy Balaban，等. 幼儿行为的观察与记录：第5版[M]. 马燕，马希武，译. 北京：中国轻工业出版社，2013.

第三节 游戏活动观察与分析

一、学前儿童游戏活动的含义

1. 游戏是儿童最喜爱的活动，是儿童生活的主要内容

一日生活中，除了吃饭、睡觉等生活活动外，儿童绝大多数的时间都在游戏。即便是生活、劳动、学习等活动也常常以游戏的形式来进行。儿童天生喜欢游戏，还喜欢把一切活动游戏化。需要注意的是，游戏化的活动并不是真正意义上的游戏。

2. 游戏是儿童对生长的适应，符合儿童身心发展的特点

儿童喜爱游戏并且以游戏为基本活动，是由儿童身心发展特点决定的。为解决身心发展及其需要在现实中与实际能力之间的矛盾，儿童创造并参与游戏，到游戏中去满足需要，适应生长。儿童身心发展的水平决定了儿童游戏的水平。

3. 游戏是儿童的自发学习

对儿童来说，游戏不仅仅是一种消遣，还是主要的学习方式。儿童在游戏中学习，在游戏中健康成长。儿童在游戏中的学习是自发的学习。

二、学前儿童游戏活动的目标

（一）在儿童认知发展方面的目标

1. 丰富和巩固儿童的知识

儿童在游戏中对游戏材料的摆弄、操作，有利于丰富和巩固对有关物体性质

及物体与物体之间关系的认识。同时，游戏来源于儿童的生活，游戏内容本身包含着丰富的信息。儿童在游戏中理解游戏内容的过程，也丰富和巩固了自己的知识。

2. 促进儿童智力的发展

儿童的思维在游戏过程中处于活跃的状态，他们积极地去感知、观察游戏中的玩具和游戏同伴，去记忆游戏中的角色（角色的名字、动作、语言、表情等）、内容和情节。在此过程中，儿童还会用已有经验解决教师提出的问题。

3. 促进儿童语言能力的发展

游戏使儿童彼此之间交往的机会增多，而且有了表达自己思想和倾听他人谈话的需要。在游戏过程中，儿童之间需要合作与交往，需要用语言来交流思想、商讨办法。在这个过程中，儿童的语言能力得到发展。

（二）在儿童社会性发展方面的目标

儿童在游戏中既有同伴间的交往，也有角色间的交往。在这些交往过程中，儿童的社会性得到发展。儿童在分工与合作的过程中，逐渐学会与人相处的技巧，逐渐懂得如何尊重他人。游戏有助于儿童学会遵守各种规则，学会如何制订规则，理解并内化生活中的各种社会准则，并逐渐学会从他人的角度理解和思考问题。消除儿童以自我为中心的倾向，有利于儿童认识他人、认识集体，把自己融入集体之中。

（三）在儿童情感发展方面的目标

游戏可以丰富儿童情绪情感体验，并帮助儿童进行情感宣泄，消除愤怒、厌烦、紧张等消极情绪。同时，儿童在游戏过程中，成就感和自信心得到了培养，美感得到了发展。

（四）在儿童身体发展方面的目标

游戏可以促进儿童身体的生长发育，促进成长。游戏可以使儿童身体的各个器官得到活动，促进儿童骨骼、肌肉的发育，锻炼其运动技能，还有利于内脏和神经系统的发育。

三、学前儿童游戏活动观察与分析的内容

（一）符号表征能力的观察与分析

皮亚杰认为符号表征是认识发展的核心。符号表征能力的发展按照一定的顺序进行，是人类进一步学习的基础。存在于儿童游戏中的符号表征能力是智力的一种表现。在游戏中，我们可以从以下两个方面观察与分析儿童符号表征能力：

（1）用一种事物代表另一种事物的能力，比如用木偶代表婴儿，用玩具车代表真正的车等。

（2）创造一个事物来代表另一个事物的能力。比如，儿童在搭积木时用积木代表火车等。

（二）游戏材料使用的观察与分析

游戏材料是儿童开展游戏的重要工具，如积木游戏中的木块、拼图游戏中的图片。在观察与分析儿童使用游戏材料的情况时，主要的内容有：

（1）儿童是否固定地喜欢某一种材料？

（2）儿童是否会按教师的要求使用材料？

（3）儿童在游戏中会不会跟同伴抢夺或分享材料？

（4）儿童会不会创造性地使用材料？

（5）儿童是否有破坏材料的倾向？

（三）游戏中社交行为的观察与分析

当两个或多个儿童一起参与游戏的时候，他们不仅表达对世界的认识以及自己的情绪情感，还通过别人的反应来测试和修改自己的社交方法和态度。为了帮助儿童提高社交能力，我们的观察与分析可以从以下几方面入手：

（1）哪些儿童做出了反应？对象是谁？

（2）他们做了什么？是怎样做的？

（3）他们说了什么？是怎样说的？

（4）他们能否适应别人的计划？他们是抵制别人，还是追随别人？

（5）儿童对成功、情感或者关注的渴望是否会妨碍游戏的发展？

（6）儿童在游戏中的态度如何？是亲切的、怀有敌意的还是感兴趣的？

（7）儿童在游戏中担任何种角色？

（四）游戏中具体细节的观察与分析

我们在观察与分析游戏活动时，还有哪些细节是需要关注的呢？

（1）游戏是怎么开始的，是儿童自己发起还是由教师发起？其他儿童在玩游戏时，想加入的儿童是怎么加入的？

（2）游戏发生在什么地方，积木区、游戏区还是户外？在游戏中，儿童是否会有语言交流？儿童会选择什么角色？如何扮演角色？

（3）儿童在投入游戏的角色时会说什么？

（4）儿童在游戏中出现了哪些面部表情和动作？比如他们是否围绕着教师疯狂地跑，神情是否紧张？

（5）儿童在游戏时展示了哪些文化经验？

（6）儿童在游戏结束时的行为表现如何？比如儿童在游戏结束时是否会去参加另外的活动？

案例分析

肯德拉和所罗门与老师一起坐在橡皮泥游戏桌前。“我要给你做比萨。”肯德拉告诉老师。他开始用手掌把橡皮泥捏平。所罗门大喊：“肯德拉和我是老板。”肯德拉看了一眼所罗门，承认他的声明，扫视一下桌子，问道：“谁在比萨饼店里？”他又看着所罗门宣布：“你是老板，我是助理老板。”所罗门坚定地说：“我是真正的老板，我来说谁是老板。”他张开手臂，用手指着肯德拉，说：“你是。”肯德拉同意地点点头，并且补充道：“你和我是所有人的老板。”“是的，”所罗门表示认可，“如果有人把水弄洒了，我们让他清理干净。”肯德拉沾沾自喜地笑着，补充道：“是的，我们在比萨饼店里工作。”他从他的圆形“馅饼”上切下一块三角形的“比萨薄饼”，炫耀道：“这是我们的‘比萨乐器’，它会为你演奏歌曲，它一直在吹奏。”然后把它递给老师。

“你付给我们多少钱？”肯德拉问老师。老师问道：“你们想要多少钱？”肯德拉回答：“五美元加一美元的税，一共是六美元。”老师假装递给他钱。“我来保存。”肯德拉大声喊。“我来保存。”所罗门以命令的口气说。一阵小小的争议之后，肯德拉说：“好吧，好吧。”①

①Dorothy H. Cohen，Virginia Stern，Nancy Balaban，等．幼儿行为的观察与记录：第5版[M]．马燕，马希武，译．北京：中国轻工业出版社，2013.

案例分析：上述案例中，两个小朋友进行的是角色游戏。从记录中，我们能看到两个小朋友有了符号表征的能力，能用游戏材料代表客观物体。两个小朋友能科学地使用材料。在游戏中，两个小朋友通过顺畅的交流扮演了各自的角色，能够通过协商解决游戏中发生的问题。

案例分析

幼儿园大班案例分析：小"明星"张天尧

案例背景

张天尧是幼儿园的"明星"，一提起这个孩子的名字，真是无人不知、无人不晓。不是因为他能力突出，表现优秀，而是因为他是一个出了名的捣蛋鬼。这学期已经是大班下学期了，可是张天尧小朋友依然控制不住自己的情绪，只要有一点儿不高兴就会找同伴出气。要么打一拳旁边的孩子，要么拉女孩子的辫子，要么就是追着一个比他弱小的孩子打架，有时候还会一个人钻到桌子下面去玩。几乎每时每刻都有孩子来告张天尧的状，老师很头疼。

张天尧对于同伴的告状似乎非常敏感，一旦被他发现，他就会实施"报复"，直到打报告的孩子吃亏才肯罢休。即使当时不能"报复"，他也会找机会，直到达到自己的目的为止。经过一个月的观察，我发现张天尧小朋友的攻击性行为和破坏行为是有目的的，一方面是为了发泄自己的不满情绪，另一方面也是要引起同伴和老师的注意。例如：有时候拿不到自己喜欢的玩具，他就会在背后推别人；要是画画没有同伴画得好，他就会用黑蜡笔在同伴的作品上涂上几条线；要是自己睡不着，也会捏边上的孩子让别人不能睡。问他为什么要这样做，他会说是别人事先做得不对；问他这样做对不对，他会说这样不对，但是也不会承认错误，只是笑笑，好像是在跟老师逗着玩一样。

这天孩子们都坐在位置上准备画画，有序地拿出自己的彩笔和画画本。张天尧也拿出自己的东西，慢慢坐到自己的座位上，然后他把画画本撕了，又用彩笔涂得桌子上到处都是。看到眼前的一切，当时我很生气，问张天尧为什么要这么做。他什么也不说，只是斜着眼睛看着我坏笑一声。当时，我真想狠狠地教训他一顿，但是还是控制住了自己的情绪。我耐心地教育他："画画本和彩笔都是用来画画的，是工人叔叔阿姨辛辛苦苦制作出来的，爸爸妈妈用钱买来的，你这样浪费物品真是很不应该，妈妈知道了也不会原谅你的。同伴之间更要好好相处，这样大家才会喜欢你。"张天尧看我并没有发火，而是好好地跟他讲道理，似乎有些意外，居然安安静静地听我说了五六分钟，也没有表现出任何的反抗。这使我暗喜，这一次似乎有了一些改变。

行为分析

张天尧相对于同龄孩子来说，有很多特别之处，如无故推人，抢玩具，爱欺负同伴，时常搞一些破坏行为；对老师的指责无动于衷，有时候甚至和老师对着干；一不开心就发脾气，有时甚至独自逃出班级，一个人在外面玩耍。孩子们都不愿意和他玩，都说张天尧是捣蛋鬼、坏孩子，这样更加剧了他和孩子们之间的矛盾。张天尧的妈妈花了大量的时间和精力，采取了多种教育手段，但收效甚微。张天尧的爸爸非常溺爱孩子，即使孩子闯祸了，也只是教育几句就完事了，不会过多批评。慢慢地，孩子就养成了唯我独尊的性格，对老师的批评无动于衷，由着自己的性子做事。

教育建议

老师通过对孩子的跟踪观察，了解孩子，正确对待孩子的攻击性行为，做到先了解，再解决；逐步增强孩子的自控能力，培养孩子坚持的意志品质；不在同伴面前指责孩子，注意挖掘孩子的长处；采取各种方法，有意识地在集体中树立孩子友善正直的形象，让同伴愿意亲近他、接纳他，让他成为同伴心目中的好孩子。

思考与练习

树叶来追我(小班游戏)

老师请小朋友们站在线上,看看他手里拿的树叶有什么不同,想想用什么办法能够让树叶飘起来。老师说:“我要请站得好的、安静的、举手的小朋友来回答。”小朋友们热情地举手,喊着“我……我……”(请了三位小朋友示范)。“大家想不想试一试呀?”小朋友们开心地回答:“想。”

老师分发树叶,每人一片。小朋友们四下散开,听老师口令后站到线上,并说:“这些树叶上有绳子。”小朋友们拿着树叶开始奔跑起来,老师安静地待在一旁观察。有的小朋友拉着绳子跑(有跑出线外的),有的小朋友用嘴吹,有的小朋友拿着绳子甩上甩下。

多数小朋友能够投入游戏,并让树叶飘起来。有两位小朋友游离在外,呆呆地走来走去。大家跑得较为分散,有些进入了其他班级的活动区域。

老师敲小铃集合。小朋友们听到铃声后,先后以较快的速度跑向老师。“刚刚有没有树叶没有飘起来的小朋友呀?”大家非常快乐且自信地回答:“没有!”表示自己的树叶都飘了起来。“大家知道跑得快和跑得慢树叶会怎么样吗?”(老师示范,跑得慢树叶飘得低,跑得快树叶飘得高)“现在请大家再试一试,就在这块绿绿的地方,不要跑到滑梯那里去,也不要跑到那边去。”(用手指了指方向)

老师示范之后,小朋友们并没有快慢的变化,依旧快乐地举着树叶奔跑,一直跑在规定的区域内。

老师敲小铃集合。“大家现在把树叶交到老师那里去(另一位老师拿着小篮子收树叶)。大家排好队,我们回去啦。”

小朋友们很快地围到老师边上,依依不舍地把树叶交给老师。多数小朋友去排队了,少数小朋友拿着树叶跑远了,被老师叫回来。回去的过程中,有的小朋友东看西看停滞不前,配班老师及时带了回去。

请分析这个游戏活动中儿童和老师的行为。

考查要点

掌握学前儿童常规生活活动、教学活动、游戏活动的目标;能够对学前儿童常规生活活动、教学活动、游戏活动进行观察与分析,并做好详尽的记录。

思考与实训

思考:

1. 简述学前儿童常规生活活动观察的目标。
2. 简述学前儿童常规生活活动观察的主要内容。
3. 简述学前儿童教学活动应从哪几方面进行观察与分析。
4. 简述学前儿童游戏活动观察的目标。
5. 简述学前儿童游戏活动观察与分析的主要内容。

实训:

皮亚杰运用"三山实验"对儿童心理进行研究:儿童坐在一个立体的"三座山"模型的一侧,把洋娃娃放在模型的另一侧或者对面。这样,洋娃娃与儿童看模型的角度是不同的。然后,让儿童从各种角度拍的山的照片中选择一张,反映从洋娃娃角度所看到的情景。研究发现,幼儿阶段的儿童不能完成这一任务。

问题:这个实验说明了儿童具有什么特点?儿童的这一特点在他们的活动和生活中是如何体现出来的?

推荐阅读

[1]乔·L.佛罗斯特,苏·C.沃瑟姆,斯图尔特·赖费尔.游戏与儿童发展:第4版[M].唐晓娟,张胤,史明洁,译.北京:机械工业出版社,2015.

[2]金晓梅.幼儿艺术教育与活动指导[M].武汉:武汉大学出版社,2015.

[3]蒙台梭利.童年的秘密[M].刘莹,译.杭州:浙江工商大学出版社,2018.

[4]柳茹.师幼互动中的教师适宜应答策略研究[M].北京:教育科学出版社,2014.

[5]Janice J. Beaty.幼儿发展的观察与评价:第7版[M].郑福明,费广洪,译.北京:高等教育出版社,2011.

第 4 章
学前儿童行为观察与分析方法

李老师是中班的一位带班老师。她最近发现班级中儿童时常出现争执的情况，尤其在自由游戏活动中更是频繁发生，于是她对儿童的行为开始观察，并探寻争执行为出现的原因。她决定采用观察法进行数据收集，因为这样可以保证数据在自然情境下收集，能真实地反映儿童行为的发生及变化情况。但是，观察法如何进行？她需要一些更详细的知识来帮助她更好地制订观察计划。

【学习目标】

1. 知识目标：理解儿童行为观察的方法和儿童行为观察的记录方式；掌握描述观察法、取样观察法与评价观察法等儿童行为观察的分析方法。

2. 技能目标：能采用不同的记录方式对儿童的行为进行记录，并对记录的数据进行正确分析；掌握数据分析的一般程序和要求，能够灵活运用定性分析和定量分析。

3. 情感目标：通过儿童行为观察的方法及分析的学习，激发学习热情，能积极主动地进行日常观察和记录。

【学习重点】

1. 掌握儿童行为观察的方法，能根据观察目的选择正确的方法进行观察。

2. 能针对不同的数据类型选择合适的分析方法。

【知识结构图】

- 学前儿童行为观察与分析方法
  - 学前儿童行为观察的方法与运用
    - 描述观察法
    - 取样观察法
    - 评价观察法
  - 学前儿童行为分析的方法与运用
    - 数据整理和一般要求
    - 数据结果的定性分析
    - 数据结果的定量分析

第一节 学前儿童行为观察的方法与运用

专业观察需要将观察上升到方法层面，这意味着观察必须具备一定的目的、计划、步骤和手段，即专业观察必须具备系统性。当我们发现了一个需要解决的问题，拟订了清晰的目标，我们就需要来探讨如何进行观察，即观察的方法。

当我们研究学前儿童的运动技能、游戏能力、心理能力等方面的发展水平及规律时，观察一定是具有系统性的，而对观察内容也一定要有详细的记录。我们根据观察时的记录方式将观察法分为三类：描述观察法、取样观察法和评价观察法。在研究中，观察方法选择正确与否，往往关系到观察的进展是否顺利、观察结果是否可靠、有效。因此，研究者要学习各种观察法，了解它们的特点，以便根据具体的研究对象、研究内容来进行合理的选择。

一、描述观察法

描述观察法是学前儿童行为观察中最基本，也是最常采用的方法。它主要被用于收集开放性的数据，无论研究者是否有提前准备观察的标准和要求（结构化/非结构化观察法）都可以使用。观察者主要通过描述的形式，客观记录学前儿童日常生活中出现的行为表现。对所收集的数据进行分析和评价，可以帮助学前工作者深入了解学前儿童的身心发展水平，以便进一步开展教育教学活动，促进儿童能力的提高。描述观察法通常又可以分为日记观察法、轶事观察法和实况观察法。

（一）日记观察法

通过日记观察法，观察者可以长期追踪某个儿童的生活，有规律地记录儿童成长过程中所表现的新行为或重要事件。例如，我国著名的心理学家陈鹤琴先生早年就采用该方法对自己的儿子进行了为期808天的观察，记录了儿童身心发展的变化，结合其拍摄的图文资料，最终完成了《儿童心理之研究》。国外著名心理学家皮亚杰也采用这种方法对自己的三个孩子进行了详细的观察和记录，并对儿童的身心发展特点进行了系统的分析和概括，提出了影响整个世界的认知发展理论。

皮亚杰的观察

日记观察法的特点是观察的目标通常是“婴幼儿的行为中新的行为事件”[①]，而这些新的行为通常是指儿童在智力、语言、社会性等发展领域中出现的新行为。这也要求观察者在运用日记观察法时，必须对观察的对象具有足够的了解，以便在新的行为出现时可以及时地进行判断并做记录。因此，观察者往往需要几周、几个月甚至是几年的时间与儿童始终保持密切的联系。

案　例

（1）在露西安娜9个月大时，我给了她一只她以前从未见过的赛璐鹅。她立即抓住它，将它仔仔细细地研究了一遍。我把赛璐鹅放在她的旁边，当着她的面把它盖住，有时候盖住全部，有时候露出鹅的脑袋。露西安娜做出了两种截然不同的反应……倘若鹅在视野中完全消失，即便露西安娜马上就要抓住它了，她也会立即停止对鹅的搜寻……但倘若将鹅嘴露出来，她不仅会抓住看得见的部分，把“动物”拽到她面前，而且……有时候为了要抓住整只赛璐鹅，她会预先揭开用于遮挡的布……即使她已经在出现鹅嘴的情况下数次将布掀起，露西安娜也从来不试着在鹅完全藏起来时，掀起那用于遮挡的布。这就证明对整体的重新组合要比寻找看不见的东西容易得多。

（2）杰奎林10个月大时，我让她坐在床垫上，从她的手中取走鹦鹉，并连续两次藏在她左边的垫子下（位置A），她两次都找到鹦鹉并抓在手里。然后，我又从她手中取走鹦鹉，在她面前慢慢地把鹦鹉移到她右边的床垫下（位置B）。杰奎林非常专注地看着这个移动过程，但是当鹦鹉在B位置消失以后，她却转向左侧，到鹦鹉以前消失的那个地方（位置A）去寻找。[②]

①沃伦·R. 本特森. 观察儿童——儿童行为观察记录指南：第2版[M]. 于开莲，王银玲，译. 北京：人民教育出版社，2016.

②罗杰·R. 霍克. 改变心理学的40项研究[M]. 白学军，等，译. 7版. 北京：中国人民大学出版社，2015.

日记观察法具有一般描述观察法的特点，即在观察中对行为发生的具体动作、语言及情境等进行详细的记录，以保证记录可以真实、客观地反映出当时的情况。日记观察法需要观察者对儿童进行长期稳定的观察，这种持续性会给观察记录带来较大的负担，观察者无法对所有的行为都进行细致的观察和记录。因此，运用日记观察法时，观察者一般只对新出现的行为进行详细的记录，包括行为、行为的变化以及行为所处情境的细节。

当收集了足够的原始数据时，观察者往往会对儿童出现的新行为按照时间轴进行分析，以期发现儿童行为发生的原因、特征及规律。例如，在皮亚杰的记录中，其中一个女儿在一个半月时出现对抬头动作的好奇，并在多次练习之后表现出高兴，皮亚杰将此判断为儿童游戏的发生。

日记观察法在儿童心理发展研究中起到了重要的作用，但该方法在现在研究中已应用不多，其原因在于该方法应用有一定的限制。现将日记观察法的优缺点概述如下。

1. 日记观察法的优点

首先，日记观察法所记录的资料较为具体，信息内容较全面，可以为后续的编码、分析提供足够的数据支持。其次，日记观察法具有持续性，并且对行为的记录具有时间上的先后顺序，因此，日记观察法可以明显地反映出儿童行为的发展情况，对儿童的身心发展水平以及规律具有较好的解释作用。最后，日记观察法是对个别儿童进行追踪性观察，因此，研究人员对行为发展规律的判断会较少受到个体差异性的影响，具有更高的真实性。

2. 日记观察法的缺点

首先，日记观察法的适用人员较为有限。该方法需要观察者能够准确地判断所出现的行为是否是新的行为，因此观察者必须对儿童很熟悉，这也限制了该方法的适用范围。通常，除家庭成员外，其他人较难通过该方法完成行为的记录。其次，日记观察法所要求的观察记录时间较长。因为通常无法对儿童新行为的出现进行准确预判，所以在采用日记观察法时，需要观察者进行持续关注，并随时做好记录的准备，这也需要观察者拥有充足的观察记录时间。

（二）轶事观察法

轶事观察法经常被幼儿教师应用于观察中，是幼儿园工作中较为常见的一种观察记录方法，即观察者对幼儿行为进行观察，并将其感兴趣、有价值、有意义的行为事件记录下来的方法。[①]

轶事观察法在记录的方式上与日记观察法有相同点，即同样强调对行为发生时的动作、语言及情境等进行详细的记录，以保证记录可以真实、客观地反映出当时的情境。但轶事观察法在行为事件上具有高度的选择性。轶事观察法更注重对有意义的、典型的行为事件进行观察和记录。所谓有意义的、典型的事件，可能在多数人看来应该根据不同观察者的兴趣爱好和研究需求进行选择，但在有些学者看来，轶事可能更多地指向对儿童或情境不具代表性的事件。换言之，所观察的行为多是该儿童与其他儿童存在差异的行为事件。

将轶事观察法与日记观察法相比较，可以发现以下几个方面的差异。首先，日记观察法往往记录的是新出现的行为，而轶事观察法则是对已出现的事件进行记录。事件中可能包含一个行为，也可能包含多个行为，从这个意义上来看，事件所包含的内容比单个行为更广。其次，日记观察法是对智力、语言、社会性等发展领域中出现的新行为进行记录，是对学前儿童身心发展中的正常行为的观察与分析，重在了解儿童行为的发展水平及规律；而轶事观察法则是对有意义的、典型的行为事件进行观察与记录，记录的事件不一定都是发展领域中的正常行为，也可能会记录一些特殊行为，如对某一儿童的攻击性行为进行观察与分析。

轶事观察法作为幼儿园教师经常使用的方法，也有其优缺点。

1. 轶事观察法的优点

首先，相比于其他描述观察法，轶事观察法具有简单、灵活的特点。相比于日记观察法，轶事观察法在实施的过程中不受时间和场地的影响，因此观察者可以随时随地进行观察和记录。其次，轶事观察法可以有效了解儿童的个体差异及个性特征，促进教师对儿童的理解。轶事观察法主要记录对儿童或情境不具代表性的事件，因此该方法更注重对儿童个体差异的观察和分析。教师可以借助观察情境分析被观察儿童的行为的特征、成因及影响因素，以了解儿童行为变化的原因以及儿童之间的个体差异，便于实施相应的教育对策。

2. 轶事观察法的缺点

首先，轶事观察法在记录中容易受到个人观念的影响。轶事观察法需要观察有意义的事情，这就使得该方法容易受到观察者自身态度的影响，进而对行为做出不当的记录，并影响对行为的分析。其次，轶事观察法所记录的内容可能会

---

① 李晓巍. 幼儿行为观察与案例[M]. 上海：华东师范大学出版社，2017.

与事实存在差异。观察者往往是在行为发生之后才开始记录，因此运用轶事观察法所记录的内容往往是源于对事件的回忆，这就可能出现记录不详尽、遗漏细节等问题，导致研究者无法正确分析儿童的行为特征及成因。

（三）实况观察法

实况观察法是指观察者详细、完整地记录被观察者在一段时间内自然状态下发生的所有行为，然后对所收集的原始资料进行分析的方法。①

作为描述观察法中记录最为全面的一种观察方法，实况观察法在记录中不仅需要对被观察者的行为进行描述，还需要对行为发生的情境进行详细的阐述。因此，在运用实况观察法时，观察者除了需要尽可能详细、连续地记录儿童的语言和动作外，还需要记录儿童与他人的互动情境。正因为实况观察法需要进行详尽、客观的描述，使得观察者需要长时间集中注意，并用更多的时间来进行记录。所以，在实际观察过程中，观察者常常会出现疲劳、注意力分散等情况。为了保证较好的观察质量，通常需要多位观察者合作进行轮流观察，且每位观察者所观察的时间宜控制在一小时左右。

此外，实况观察法在观察时间上具有明确的时间间隔。相比于日记观察法，实况观察法的观察时间更短，通常不以天为单位进行持续的观察，一般只需观察一段时间即可。

与轶事观察法相比，实况观察法具有以下不同。在观察时间方面，轶事观察法只需对出现的行为事件进行记录，观察时间则会随事件发生的时间出现动态变化；实况观察法则具有较为明确的时间间隔，当设定好观察时间后，观察者只需要遵守时间进行观察即可。而在观察内容上，实况观察法与轶事观察法都被用于观察儿童的行为事件，不同的是轶事观察法仅限于儿童不具代表性的行为事件，而实况观察法则不限制观察内容的范围。在实况观察法所选取的时间段中，观察者既可能会观察到儿童代表性的行为，也可能会观察到儿童不具代表性的行为，但对这些行为都要进行记录和分析。

同样，实况观察法在使用的过程中也具有优缺点。

1. 实况观察法的优点

首先，实况观察法所记录的信息较为详尽，尽可能保留了原有情境中的所有要素。这是因为实况观察法在观察的内容及对象上不具有选择性。实况观察法

---

① 李晓巍. 幼儿行为观察与案例[M]. 上海：华东师范大学出版社，2017.

不仅记录儿童的客观行为，还重视对情境信息的搜集。实况观察法提供了较多的行为变化信息，因此对行为发生的前因后果可以有较好的解释。其次，实况观察法在使用时不受特定的条件或情境限制，具有较好的开放性。实况观察法可以记录一个儿童的行为，也可以记录几个儿童之间的行为，并对所选取时间段内一切情境都进行客观记录。因此，观察者可以在一天当中的任意时间和任意地点对儿童的行为进行观察。最后，实况观察法的数据可以长期保存，积累的材料越多越具有价值。实况观察法与其他观察法相比，对行为环境的描述更为具体，包含的信息也更丰富，更能还原事件的具体情境。长期使用实况观察法可以积累大量的行为材料，对行为发展的规律、特殊行为的解释、儿童之间人际关系的发展等都可以做出更合理、真实的解释。

2. 实况观察法的缺点

首先，实况观察法要耗费观察人员大量的时间和精力，对于需要较快地获得儿童行为发展特征及发展水平的观察者来说，这种方法可能较为低效。其次，因为实况观察法要求记录大量的行为细节，因此对观察者的能力会有一定的要求。在运用实况观察法时，观察记录的内容不仅包括观察对象本身的体貌、体态、表情、语言、动作等特征，还应包括观察对象所处的环境特征，这就决定了在记录过程中所使用的记录语言不能是简略的，以防信息的丢失。此外，实况观察法注重儿童行为的时间顺序，因此，在记录过程中不可将行为事件的顺序前后颠倒，以防得出错误的分析结果。

（四）描述观察法的总体评价

描述观察法具有便捷和灵活的特点，因为该方法对行为事件具有较高的开放性。观察者在进行观察之前，对观察的内容不会进行明显的预测，而在观察过程中也没有使用高结构性的观察记录表，因此，在记录过程中观察者往往具有更多的灵活性。

描述观察法对客观行为事件进行详细的描述，这可以为后续的分析和评价提供更为翔实的情境信息。由于情境信息较为完整，观察者对描述观察法（尤其是轶事观察法和实况观察法）收集的资料可以进行行为编码，有助于使用量化的分析方法探究某一群体的具体行为特征。

描述观察法所收集的信息常常是由单一观察者记录所得，所以观察者的观察能力会对信息的收集产生影响。一位观察力较弱的观察者可能在信息收集上会出现信息缺失的现象。另外，由于人在观察过程中，对观察到的信息会根据已有的经验进行主动加工，所以在记录过程中难免会出现对行为事件过度评价，导致收集的信息不够客观。所以，应用描述观察法时，在观察和记录的过程中必须保证数据的全面和真实，也要求观察者需要进行一定的观察训练。

二、取样观察法

取样又称为抽样，是研究方法中的基础性概念，通常是指从总体中抽取个体或样本的过程，通过对个体或样本的观测进而推测总体的特征。取样在研究中可以起到节省时间和精力、提高研究效率的作用。在取样观察法中，观察者需要对所观察的行为进行取样，选取行为样本，通过对行为样本的分析得出总体行为的特征。所谓总体行为，一般是指一个群体的某一行为特征，例如观察班级中儿童的争执行为有哪些特征。人每时每刻都在做出不同的行为，发生不同的事情，所以当我们要观察某种行为时，必须能在不同的行为中及时发现并确认所要观察的行为，因此观察者需要在观察前对所观察的行为有明确认识。当确定了所要观察的行为后，观察者需要考虑如何抽取行为样本。根据取样的方式，可以将取样观察法分为时间取样观察法和事件取样观察法。

（一）时间取样观察法

时间取样观察法是指以一定的时间间隔为取样标准，观察记录预先确定的行为是否出现以及出现的次数和持续时间的一种观察方法。[①]时间取样观察法重点在于以时间为取样的标准。观察前，观察者首先需要将所选择的全部观测时间进行划分，均分为一个个相对较短的时间段，然后在每个时间段对儿童进行观察，同时做好记录。时间取样观察法要求在每个时间段，只有被观察的儿童发生了预先确定的行为，才进行记录，反之则不进行记录。例如观察儿童游戏行为，每名儿童观察2分钟，如果在2分钟内所观察的儿童未出现相应的行为，则不做记录。

时间取样观察法是选取样本来对总体的情况进行估测，因此行为样本越具有代表性，对行为总体特征的估测越准确。而与行为样本代表性最为相关的是行为的详细操作性定义以及总体行为的发生频率。时间取样观察法需要在观察前对行为进行明确的界定，例如观察儿童的亲社会行为，则需要对亲社会行为进

① 施燕，韩春江．学前儿童行为观察[M]．上海：华东师范大学出版社，2011．

行明确的定义，包括合作、助人、安慰、分享等，且每一个行为都需要进行详细的界定，以便不同的观察者进行观察时，可以在短时间内准确地判别所观察儿童的行为。另外，时间取样观察法还需要注意行为的发生频率，如果在一定的时间内，某一行为发生的概率很低，那么在使用时间取样观察法时极有可能无法抽取到有用的行为样本，因此也就会丧失对总体行为特征进行估计的基础。所以，在使用时间取样观察法时，观察者必须选取经常发生的行为来作为观察的内容。Irwin 和 Bushnell（1980）提到，如果一个行为在平均每15分钟内出现的次数少于一次，就不应该使用时间取样观察法。此外，行为样本的代表性还与观察时间的长短、间隔相关。如果总体行为发生的频率低，则时间间隔就需要相应地延长。如果对总体行为发生频率不确定，则需要进行预观察以便对行为发生频率有一定的了解。

采用时间取样观察法，在记录时也与采用描述观察法时不同。时间取样观察法的一个重要特点是在短时间内快速、高效地获取行为样本，因此，选用时间取样观察法，在记录的过程中无法进行详细的描述。在观察前应确定行为的分类，且对每类行为进行明确的界定。观察者需要在观察前了解每类行为的界定，了解每类行为在具体情境中的表现。当进入观察情境，观察者会在相应的时间段内快速鉴别目标行为，同时采用符号迅速对出现的行为进行记录。

时间取样观察法的具体操作步骤具有一定的规范性，现就帕顿关于学前儿童在游戏中的社会参与状况的研究进行说明。她设计了6种反映儿童参与社会性集体活动水平的预定类型来指导观察，并对每一类型赋予详尽的操作定义。在帕顿的研究中，观察的实施包括：①确定总的观察时间，如持续一周；②确定几个观察时间段，例如每天上午8：00—9：00和下午14：00—15：00，各观察10分钟；③给出所要观察的行为表现的操作性定义，如“无所事事”的操作性定义：儿童未参与任何游戏活动或社会交往，只是随意观望任何可能引起兴趣的情景，表现为若没有可观望的，便玩弄自己的身体，走来走去，跟从老师，或站在一旁张望；④制订且熟悉观察表格（如表4-1）内容；⑤实施观察并做记录；⑥对观察资料进行整理，根据观察时间段出现预先确定的行为表现的次数和情况去推测观察对象的一般行为表现。

表4-1　儿童参与社会性集体活动观察记录表

时间	儿童代号	活动类型					
		无所事事	旁观	单独游戏	平行游戏	联合游戏	合作游戏
	1号						
	2号						
	3号						
	4号						
	5号						

时间取样法在使用过程中有其优点，也有其缺点。

1. 时间取样观察法的优点

首先，时间取样观察法具有节约时间和精力的优点。采用时间取样观察法，观察者会提前明确并规定观察的时间和内容，并运用编码符号对所观察的内容进行记录，这可以大大精简观察的过程以及节约记录时间。而观察者则可在短时间内收集到大量的数据，有利于更好地对总体行为的特征进行归纳和概括。其次，观察前对行为的分类及界定，有助于不同的观察者在观察的过程中对行为的判定具有较高的一致性，而这种一致性可以增加观察结果的可信度，同时详细的定义也为其他研究者进行相同的研究以及开展跨文化的比较研究提供了可能。最后，在使用时间取样观察法时，除了符号编码数据外，还可以与描述观察法的描述性记录相结合，收集行为发生的情境信息，有效帮助观察者理解行为发生的情境因素。

2. 时间取样观察法的缺点

首先，由于时间取样观察法要求行为样本的代表性，因此其所记录的外显行为必须是发生频率较高的行为，如学生上课的表现、师生交往、教师言行与指令等。但并不是所有的行为都具有较高的发生频率，也存在发生频率较低的行为，因此，此法具有一定的局限性。其次，时间取样观察法所获资料往往只说明行为的某种特征（如频率），而对于行为发生时的情境信息、行为发生的先后顺序、行为如何变化，以及行为之间的关系无法进行清晰的说明。

（二）事件取样观察法

事件取样法观察法与时间取样观察法一样，都是观察和记录预先确定的行为表现或事件的观察方法。而它们的不同在于：时间取样观察法是以时间为单位进行行为观察的取样；事件取样观察法则是以事件为单位进行行为观察的取样。当预先确定的行为或事件一出现，就必须马上记录并随事件的发展持续记录其全过程，不仅要记录行为或事件本身，而且要把行为发生或事件出现的前因后果及环境背景情况也记录下来。

事件取样观察法不存在时间间隔与时段规定的限制，只要事件一出现，便要求观察者进行记录，且可随事件的发展持续记录，直到事件结束为止。在记录方法上，它既可采用时间取样观察法的行为分类记录方法，又可将这种分类记录方法与对事件前因后果及环境背景等的描述性记录结合起来。例如，可预先准备一些行为记录表及环境特征表，供快速简易记录，同时可提出一些相关的简单问题，以便做描述性记录。

事件取样观察法的要求：①观察前确定所要观察的行为或事件，确定记录哪些事件的发生发展过程，确定记录事项和记录形式，制订出记录表格，如表4–2；②只要预先确定的行为或事件一发生，就立即记录事件全程。

海伦·大卫所开展的关于儿童争执事件的观察研究，研究者事先制订好了观察记录表，具体内容主要包括：①争执事件发生的背景；②争执持续的时间；③争执双方的行为性质；④争执双方说了什么，做了什么；⑤争执事件的结果如何；⑥争执事件的影响怎样。

表4–2 学生争执事件记录表

学生	年龄	性别	发生背景	争执持续时间	行为性质	做了什么，说了什么	结果	影响

观察对象为26~60个月龄的儿童，其中女孩19人，男孩21人。观察58小时，共记录200例争执事件，平均每小时3.4次。观察中发现，男孩的争执事件多于女孩，年龄相差大的孩子之间的争执多于年龄相仿者。随着年龄的增长，争执事件减少，但侵犯性质增强。导致争执发生的原因往往是对占有物品的不同意见。大多数争执自行平息。儿童恢复较快，无愤恨的征候。

事件取样观察法有其独有的特征和优势，也伴随着一些不足，我们有必要对该方法的优点和缺点进行概括，以便研究者针对不同的研究目的做出合理的选择。

1. 事件取样观察法的优点

首先，事件取样观察法兼有时间取样观察法和轶事观察法的优点，既可以与时间取样观察法一样，在有准备的情况下获得预先确定的有代表性的研究样本，又可以如同轶事观察法一样，保留行为的连续性和完整性，得到关于事件发生的环境与背景资料。其次，事件取样观察法在记录过程中，也可以使用时间取样观察法中的行为分类方法，采用符号进行记录，这使得事件取样观察法也可以大大节省观察者的时间和精力。

2. 事件取样观察法的缺点

首先，与时间取样观察法一样，事件取样观察法也要求所观察的行为具有较高的发生频率，因此该方法也不适用于不经常发生的行为。其次，事件取样观察法在观察记录过程中不关注事件发生之前儿童的行为是如何的，也不在意事件发生之后的行为，因此该方法所收集的数据必然是不完整的，对行为的整体性认识有所欠缺。

三、评价观察法

评价观察法重在对学前儿童行为进行评价，是一种量化的观察方法。观察者根据观察目的罗列出儿童在观察目的范围内的行为条目，在对需要观察的行为进行较好的理解后，对儿童日常行为表现进行一段时间的观察，然后根据行为条目对儿童的行为进行判断，以评定儿童的行为能力出现与否，以及评价行为能力发展的程度如何。常见的评价观察法有两种：行为检核表法和等级评定法。

（一）行为检核表法

行为检核表法又称清单法，是指观察者依据一定的观察目的，将观察项目制成清单式的简表——检核表，用检核表来核查某种行为是否发生或出现并记录观察结果的方法。

行为检核表中提供了儿童某种行为出现与没有出现两种选择。在观察实施中，只要某种行为一旦出现，观察者需要立即对儿童的行为进行标记。行为检核表具有判断儿童行为能力、测量儿童行为发展水平的功能，具有简便易行的特征。在检核表中，关于儿童某一领域内的行为，例如儿童对图形的认知能力，会被罗列出多个行为条目，并标明这些行为条目是否具有两种选择，供观察者择其一，并用符号进行记录。检核表中除了观察或研究对象本身的情况，如年龄、性别、父母工作单位、父母受教育情况等，也可以包括环境情况，如幼儿园环境特点、时间等，还可以包括相关方面的行为，如数字、空间概念的理解能力、友好行为、依赖行为、创造性建构行为等。

使用行为检核表法应先制订出表格再进行观察。常规的行为检核表法应用时具有以下几个步骤：

（1）根据研究目的确定观察内容。

（2）将观察内容分解细化为具体行为项目（观察项目）。

（3）将观察项目制成清单记录表格——行为检核表，如表4–3。

（4）确定观察时间。

（5）进行实地观察和记录。

（6）整理和分析观察结果。

表4–3 幼儿数学预备技能核查①

儿童姓名：	记录者：		
观察内容	能	不能	日期
1.根据名称指出相应图形：			
圆形	（ ）	（ ）	
正方形	（ ）	（ ）	
三角形	（ ）	（ ）	
长方形	（ ）	（ ）	
2.从1数到10	（ ）	（ ）	
3.给下列图形命名：			
圆形	（ ）	（ ）	
正方形	（ ）	（ ）	
三角形	（ ）	（ ）	
长方形	（ ）	（ ）	
4.举例说明下列关系概念：			
大于	（ ）	（ ）	
小于	（ ）	（ ）	
长于	（ ）	（ ）	
短于	（ ）	（ ）	

① 董奇，林崇德. 中国儿童青少年心理发育标准化测验简介[M]. 北京：科学出版社，2011.

续表

5.按下列要求逐个匹配： 2个物体 3个物体 5个物体 10个物体 10个以上物体	 (　　) (　　) (　　) (　　) (　　)	 (　　) (　　) (　　) (　　) (　　)	
6.在别人指导下理解以下概念： 最先 中间 最后	 (　　) (　　) (　　)	 (　　) (　　) (　　)	
7.举例说明以下概念： 多于 少于	 (　　) (　　)	 (　　) (　　)	

行为检核表法的优缺点如下。

1. 行为检核表法的优点

首先，行为检核表法具有简单、便捷、适用范围广的特点。行为检核表制订以后，观察者可以随时对儿童进行观察，不受时间、空间的限制，只要在观察范围内儿童出现了相应的行为，则在行为检核表的对应位置打上钩。同时，行为检核表法除了可以对儿童行为进行相应的评价，还可以对儿童的认知发展、社会性发展等进行评价。其次，行为检核表法便于观察者进行量化处理，提高数据的应用性。行为检核表法所产生的数据已经具备了量化数据的特征，在后期的数据分析中可以直接对其进行相应的量化分析。最后，应用行为检核表法时，也可以结合其他观察法的记录方式，例如观察者可以在进行行为判定的同时采用描述观察法的记录方式对儿童的行为表现进行描述，为后期的数据分析提供材料。

2. 行为检核表法的缺点

首先，行为检核表法与取样观察法一样，不能对行为进行详细的描述。在行为检核表法中，观察者只是记录了儿童的某种行为发生与否，至于行为发生的原因情境、经过和结果则不做记录，这可能会使研究者对儿童的行为理解具有片面性。其次，行为检核表可能存在不全面的问题。行为检核表是观察者根据观察目的挑选行为条目汇总编制而成，其条目可能只是观察范围内的一个部分。行为条目是否能充分说明儿童在某一领域内的行为发展情况还需要斟酌。最后，观察者在评价儿童行为时可能会出现偏差。行为检核表法要求观察者事先理解各个条目所对应的具体行为包括哪些，例如观察儿童的精细动作需要结合儿童在游戏活动、日常生活等多方面表现出来的行为才能进行相应的判断，若观察者观察的范围和时间有限，可能会产生行为评价不准确的情况。

（二）等级评定法

等级评定法是指观察者在对儿童进行观察后，对其行为能力进行评定，并对行为能力高低进行量化判断的一种方法。

等级评定法与行为检核表法具有相同之处，也有不同之处。等级评定法与行为检核表法，都是观察者在仔细观察儿童后对其行为进行评价，例如都可以判断儿童是否能用一只手抓住别人递来的物体。不同之处在于行为检核表法只记录儿童行为出现与否，而不对儿童的行为发展情况进行评价，但等级评定法可以对行为能力程度、行为发生的频率等进行评价。例如，行为检核表法只能判断儿童是否具有单手接物的能力，而等级评定法不仅能知道儿童是否可以单手接物，还能知道儿童单手接物的娴熟程度。

等级评定法与行为检核表法都需要借助观察记录表。对于观察记录表的制订，等级评定法与行为检核表法基本一致，都需要先确定观察内容，再将观察内容细化为具体的行为，并列出行为清单。但是，在观察记录选项上，等级评定法不同于行为检核表法。

采用等级评定法时，观察记录表中等级选项一般可以采用两种不同的形式：非连续性和连续性。观察者所观察的行为水平应该是具有连续性的，若要采用非连续性选项，则观察者要对连续性的行为进行划分，以确定相应等级所对应的行为程度应该是多少，例如行为展现到什么程度算优秀，什么程度算一般，什么程度算是差，都要有详细的区分和界定。若观察者采用连续性选项，则需要在对儿童进行仔细观察后，对儿童的行为水平与“从不”和“总是”进行对比，以找到一个相应的位置，并在相应位置上画圈。

表4-4　非连续性等级选项观察记录表

项目	从不	极少	偶尔	经常	总是
儿童与其他儿童进行争吵甚至打架					

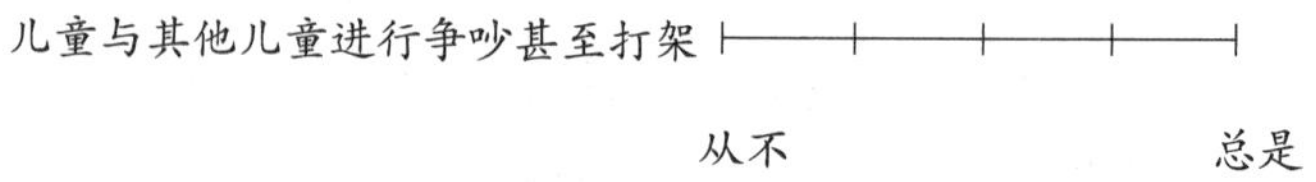

图4-1　等级评定法中连续性等级选项

一般而言，非连续性等级选项时常会有3个以上的等级，等级可以从行为发生频率（从不、偶尔、经常；从不、极少、偶尔、经常、总是）或行为能力水平（优、中、差；非常好、较好、一般、较差、非常差）等方面进行区分。

等级评定法同样具有自身的优势和劣势，对其优劣进行分析，可以帮助初学者更好地掌握该方法，从而做出合适的选择。

1. 等级评定法的优点

首先，等级评定法在运用时相对比较容易，且在观察过程中无须进行详细的记录，只要进行观察，对行为的评价在相应的条目中进行选择即可，因此使用该方法可以节省观察者大量的时间和精力。其次，等级评定法与行为检核表法类似，具有较大的适用范围。等级评定法除了可以对儿童的行为发展水平进行评定外，还可以对儿童的心理发展、社会性发展等方面进行评定。

2. 等级评定法的缺点

首先，等级评定法是观察者进行主观评定的方法，因此，评定结果易受观察者主观态度、自身认知的影响，进而产生主观偏见。其次，等级评定需要有明确的参照依据，否则观察者难以进行准确评价。最后，等级评定法在记录过程中，只记录儿童的行为等级，缺少对行为细节的记录，观察者在进行分析数据时较难深入。

思考与练习

根据皮亚杰的认识发展的游戏理论，儿童游戏是认知活动的一种外在表现形式，其功能是对新出现的心理机能进行练习和巩固。随着儿童认知水平的提升，儿童游戏水平也在发展。在2~7岁阶段，皮亚杰认为儿童的主要游戏是象征性游戏，而象征性游戏的出现，主要是因为儿童开始掌握社会约定俗成的语言符号系统，并通过游戏的形式进行练习。

请设计一个观察研究，通过对儿童游戏行为的观察理解“象征游戏的发展体现了儿童语言符号系统的发展”这一理论。

第二节 学前儿童行为分析的方法与运用

观察法是为了验证研究问题而采用的数据收集方法。通过观察法，研究者可收集大量的数据，而数据的类型也具有多样性。例如，通过描述观察法收集描述性的文字材料，通过取样观察法收集行为出现的频率和通过评价观察法收集学前儿童行为的评价数据。根据是否用数字对行为特征进行描述，可以将数据分为定性数据和定量数据。因此，对数据的处理也可以分为定性分析和定量分析两类。定性分析方法是从质的方面说明教育问题，定量分析方法则是从量的方面说明教育问题，即为教育问题的说明提供数量的依据。①

一、数据整理和一般要求

无论是质的数据还是量的数据，在对原始数据进行处理之前都需要对其进行细致的整理。质性材料（叙事、视频、音频材料）的整理主要是检查原始资料是否完整、准确。对前期记录资料中的细节进行检查，如在记录过程中由于快速记录而遗漏的细节，需要及时进行补充，对记录中简化的内容要及时进行完善。观察过程中采用视频、音频设备辅助记录的资料，需要将其准确地转化为文字资料。在转录的过程中，不仅要对语言行为进行准确的转录，对情绪情感等非语言行为也需要准确地记录。在量的材料上，例如通过取样观察法和评价观察法所收集的量化数据，观察者需要检查记录的数据是否有遗漏，如有遗漏需要及时补充或者重新测试。如果所收集的数据都是完整的，观察者可以将所有的数据录入相应的统计分析软件中，对数据的整体分布情况进行初步观察，尤其是要检查

① 姜凤华.教育研究的定量分析方法[J].中国教育学刊，1997(5)：56-58.

是否存在极端数据以及这些极端数据是否合理。

观察数据的分析不是一项简单的工作,也不是一项孤立的工作。要做好这项工作,必须具备一定的条件。①对观察数据质量的要求,包括真实性要求、准确性要求和完整性要求。无论是定性分析还是定量分析,数据都是研究结果的重要来源,只有保证了数据的真实性、准确性和完整性,才能得到准确的研究结果,并对社会实践产生价值。②对分析方案的完备性要求,即在数据分析开始之前,必须充分考虑各方面因素,制订出详细、可行的分析方案。③对分析人员素质的要求。分析人员应具备系统的统计学知识,具有熟练操作计算机的能力、扎实的专业理论知识以及较高的认识水平和良好的表达能力。

二、数据结果的定性分析

(一)定性分析的特点

定性分析就是对研究数据进行质的分析,是运用分析与综合、比较与分类、归纳与演绎等逻辑分析的方法,对研究所获得的资料进行整理与加工,从而认识研究对象的本质特征,揭示其内在规律的过程。它具有四个特点:第一,它是建立在描述基础上的逻辑分析或推断;第二,定性分析侧重揭示心理和行为表现背后的意义;第三,定性分析倾向于对研究结果进行归纳分析;第四,定性分析不仅注意对研究结果的分析,更重视对过程和相互关系的分析。

(二)定性分析的步骤

1. 分析和综合

对研究结果的全面研究,首先需要进行分析和综合,它是以后进行比较、抽象和概括的基础。分析是把复杂的事物或现象分为多个简单的组成部分,或者抽出各自特征来,以便单独考察,认识每个组成部分固有的性质和特征。如研究儿童的智力,可以把智力分为五种基本的能力,即观察能力、记忆能力、思维能力、想象能力和注意能力,再将它们逐一加以分析,从而实现对儿童智力的深刻认识。但是,分析不应该脱离综合。综合是根据分析的结果,把事物或现象的各个部分联系为一个整体,只有这样才能形成对事物比较全面的认识。

2. 比较

比较是根据一定的标准,对某类现象在不同情况下的不同表现进行研究,确定它们的相同点和不同点及其关系，从而找出普遍规律及其特殊本质。比较可以克服一般教育研究的狭隘性，把所研究的个别事物纳入广阔的背景之中，以提高定性分析的科学性。比较还能起到验证假说的作用，成为探索教育规律的有力手段。

比较可以是纵向比较，即对同一事物的历史形态进行比较；也可以是横向比较，即对同时并存的事物进行比较，如教育实验中通常采用实验班与对比班相比较的方法；还可以是求同比较或求异比较。

比较时一般应注意：①明确比较的对象，是比较教育内容还是比较教育方法等；②提出比较的标准，概念要明确，数据要精确；③解释比较的内容，要说明被比较的教育现象是怎样的，并说明理由，分析形成这一事实的原因和因素；④做出比较的结论。

比较时要注意事物之间的可比性，即比较对象之间要具有一定的内在联系。如果不是同一范畴、同一标准的材料，则不能比较。比较还需要注意广泛性。由于客观事物是复杂的，所以，比较一定要从多方面进行，重要的是对事物本质的进行比较。

3. 抽象和概括

抽象是通过分析和综合、比较后，对研究结果的本质属性的认识，是从一类事物的各种属性和特征中抽出其中一种或几种重要的、基本的、本质的属性和特征，而撇开一切表面的、次要的、非本质的属性和特征。

概括是把个别事物的本质属性抽取出来，归纳为该类事物的共有本质属性。

三、数据结果的定量分析

定量分析是先将数据进行统计运算，然后运用运算结果对所观察群体的行为特征进行解释和推断。在定量分析中，常用的数据分析方法为描述统计和推论统计两种。

(一)描述统计

描述统计是定量分析中最基本的分析方法，它主要通过缩减数据，得到数据的特征值，以此来描述所得观察数据的全貌，表达所观察的行为/事件的属性或特征及关联。一般来说，数据的特征值包括三类：集中量数、差异量数和相关系数。

1. 集中量数

一般来说，将数据按照由大到小的顺序进行整理和排列后，我们可能会从数据中发现大部分数据都趋向于某点，这种向某点集中的现象，称为集中趋势。而代表数据的集中趋势的统计量被称为集中量数。常用的集中量数有算术平均数、中数和众数。

(1)算术平均数的概念与性质。

算术平均数通常也称为平均数、均值或均数，是统计学中最常用的一种集中量数。算术平均数一般是指各变量值的总和除以变量总次数所得之商，一般用“$\overline{X}$”来表示。又因为“平均数”一词的英文是Mean，所以一般也用字母M来表示。

$$\overline{X}=\frac{X_1+X_2+X_3+\cdots+X_n}{n} \text{ 或简写为 } \overline{X}=\frac{\sum X}{n}$$

式中：$\overline{X}$为算术平均数，$\sum$为求和符号，n为总次数，X_1、X_2、X_3等为具体的观测值。

算术平均数是使用最广泛的集中量数。分析算术平均数的优点主要有：①反应灵敏，一组数据中的任何一个数据都会对本组算术平均数的大小产生影响；②严密确定，比较准确；③概念简明易懂，计算方法简便；④适合代数运算；⑤受抽样变动的影响小。

分析算术平均数的缺点主要有：①算术平均数极易受极端数值的影响而失去代表性，如在一组数据5，7，8，10，20之中，大部分数据都集中于5～10，但平均数是10，很显然其不能很好地代表这组数据的中心；②算术平均数的精确计算需要每一个数据确切存在，否则就无法运算。

(2)中位数的概念与性质。

中位数是一组按大小顺序排列的数据中位置居中的数值，是集中量数的一种，简称中数，用符号M_d表示。它是划分一组数据中较大的一半和较小的一半的数目界限。应当注意的是，中位数只是将一组数据的个数分为相等的两部分，而不是将一组数据的数值分为两个部分，因此，中位数可以不是一个实际观测到的数值，而是一个计算得到的值。

中位数也可称为数据分布的典型值，分析中位数的主要优点是：①不受极端数据(极大值或极小值)的影响；②意义明确，简明易懂；③计算简便；④对于开放分布(无上限或下限)，用中位数作为集中趋势的代表值比用算术平均数作为代表值更为合适。

分析中位数的缺点主要是：①缺乏灵敏性；②较易受抽样偏差的影响；③不适合代数运算，做进一步的统计分析比较困难。

(3)众数的概念与性质。

众数也称范数或密集数，是指在一组数据中出现次数最多的那个数值，代表符号为M_0。

在一组数据中，如果某个数据是众数，那就意味着这个数值应当至少出现两次。如果两个数值都具有相同的最高次数，那么这组数据就有两个众数；如果三个或更多的数据具有相同的最高次数，那么就是有多个众数；如果全部数据出现的次数都不超过一次，则可以说这组数据没有众数或众数不存在，但不能说众数是0。

众数表述数据分布的集中趋势很形象，简明易懂；计算简便，适于粗略估算；有利于分析和判断具有多个集中点的分布；不易受到极端数据的影响。但计算结果不是很精确，也不是很稳定；利用次数分布表所计算的众数，常因组距不同而变化；不适合进行代数运算。

2. 差异量数

差异量数是代表一组数据变异程度或离散程度的量数。它反映了数据分布的离中趋势，即分化的程度。差异量数大，表示各数值分布的范围广且参差不齐；差异量数小，表示各数值较为集中、整齐，波动的幅度小。差异量数有很多种，在这里我们只介绍几种较为常用的差异量数：方差/标准差、差异系数和百分等级。

(1)方差/标准差。

标准差，是指各数据与其平均数的离差的平方和之平均数的平方根。在统计学中，总体标准差用σ表示，样本标准差用S表示。标准差的基本公式为：

$$S=\sqrt{\frac{\sum(X-\overline{X})^2}{n}}$$

由计算公式可知，计算标准差首先要将所有离差进行平方，这是因为正负离差经过平方后均为正数，不会出现相互抵消而等于零的现象，可以避免平均差的缺点。但离差平方求和后，单位与原来数据的单位不一致，为保证标准差的单位与原始数据的单位相一致，就必须进行开方。这就是标准差是各数据与平均数的离差的平方和之平均数的平方根的原因。标准差不如全距和平均差那么容易理解，它表示的是各数据离开平均数的平均距离。

标准差是最常用的差异量数，它是经常与平均数一起使用的差异量数，与平均数处于同样重要的地位。计算标准差需要将全部数据都代入运算，所以标准差能够反映全部数据的差异情况。标准差数值稳定，适合进行代数运算，是最重要、最可靠的差异量数。因此，在教育研究中度量离中趋势时多使用标准差为代表量数，而且在进行推断统计时也经常使用标准差。当然，我们也看到标准差的意义较难理解，计算方法也较复杂，受极端数据的影响也比平均差大。

（2）差异系数。

差异系数又称标准差系数，用 CV 表示，它是标准差与算术平均数的百分比，不具有实际测量单位。计算公式为：

$$CV=\frac{S}{\overline{X}}\times 100\%$$

式中：CV 为差异系数，S 为标准差，$\overline{X}$ 为算术平均数。

从公式可看出，差异系数大，说明数据分布的离散程度大；差异系数小，说明数据分布的离散程度小。差异系数的大小与算术平均数的大小成反比。

差异系数具有两个功能：①比较不同单位数据的差异程度；②比较单位相同但算术平均数相差较大的数据的差异程度。

（3）百分等级。

百分等级用 PR 表示，是某个量数在所属团体中所超过的单位数占总单位数的百分比。以考试成绩为例，如果已知某学生成绩的百分等级为90，即表示其成绩超过参加考试的学生总数的90%，也就是说该学生所在集体中的90%学生的成绩低于这个学生的成绩。

百分等级是一种相对位置量数。学生考试成绩的原始数据，只能说明分数的多少，无法描述其在总体中的位置。我们经常采用的排名次，也只能说明某个学生成绩的高低次序，不能反映其在总体中的位置。但百分等级则不同，它是把参加考试的全体人数作为整体来计算，然后用某学生的原始分数换算出其在全体中的位置，给出比该生分数低的学生数占学生总数的百分比。

3. 相关系数

相关系数是描述两个变量（行为、事件、属性等）之间相关程度的数字表现形式，常用 r 表示。相关系数的取值范围一般在-1~+1。相关系数为负，说明两个变量之间的关系是负相关，即一个变量会随着另一个变量的增大而减小；反之，相关系数为正，则说明两个变量之间的关系是正相关，即一个变量会随着另一个变量的增大而增大。此外,相关系数的绝对值越接近1,就表明两个变量之间的相关程度越大。

根据原始数据计算两个变量之间相关程度的方法即为相关分析。相关分析根据数据类型的不同,可以分为皮尔逊积差相关、斯皮尔曼等级相关和肯德尔等级相关。皮尔逊积差相关主要运用于两个变量都是连续数据的情况,例如探究儿童攻击性行为发生次数与儿童游戏空间密度之间的关系。斯皮尔曼等级相关和肯德尔等级相关则主要运用于一个变量或者两个变量都为等级数据的情况,例如儿童攻击性行为和儿童家庭社会经济地位之间的关系。相关分析的具体操作可以参考相关统计学书籍,在此只对数据分析的方法进行简单的介绍。

(二)推论统计

推论统计是对已有数据的进一步挖掘和分析,以期通过已有的数据样本,推论出总体的特征,是统计学中较为重要也应用较多的方法。推论统计一般包括参数检验和非参数检验两种分析方法。

1. 参数检验

一般是在数据的总体分布形态已知的情况下,对数据分布的参数是否落在相应范围内进行检验,是对参数平均值、方差进行的统计检验,是推断统计的重要方法。

适用条件:当总体分布形态已知(如总体为正态分布,人的心理或动作的总体发展趋势大部分都属于正态分布),根据样本数据对总体分布的统计参数进行推断。此时,总体的分布形态是给定的或是假定的,只是其中一些参数的取值或范围未知,分析的主要目的是估计参数的取值,或对其进行某种统计检验。这类问题往往用参数检验来进行推断统计。参数检验不仅能够对总体的特征参数进行推断,还能够实现两个或多个总体的参数比较。

2. 非参数检验

一般是在不知道数据总体分布形态的前提下,检验数据的分布情况。

适用条件:在数据分析过程中,由于种种原因,往往无法对总体分布形态做简单假定,此时将不再适合运用参数检验。而非参数检验是在总体方差未知或知道甚少的情况下,利用样本数据对总体分布形态等进行推断的方法。

参数检验和非参数检验的内容及适用条件见表4-5。

表4-5　参数检验和非参数检验的内容及适用条件

检验方法	问题类型	假设	适用条件	抽样方法
单样本T检验	判断一个总体平均数等于已知数	总体平均数等于A	总体服从正态分布	从总体中抽取一个样本
F检验	判断两个或多个总体方差相等	两个总体方差相等	总体服从正态分布	从两个或多个总体中各抽取一个样本
独立样本T检验（T检验）	判断两个总体平均数相等	两个总体平均数相等	1. 总体服从正态分布 2. 两个总体方差相等	从两个总体中各抽取一个样本
独立样本T检验（校正T检验）	判断两个总体平均数相等	两个总体平均数相等	1. 总体服从正态分布 2. 两个总体方差不相等	从两个总体中各抽取一个样本
配对样本T检验	判断指标试验前后平均值相等	指标试验前后平均数相等	1. 总体服从正态分布 2. 两组数据是同一试验对象在试验前后的测试值	抽取一组试验对象，在试验前测得试验对象某项指标的值，进行试验后再测得试验对象该指标的值
卡方检验	用于检验实际观测频数与理论频数之间是否有差异	观测频数与理论频数无差异	总体分布情况未知	—
游程检验	检验一组观测值是否有明显变化趋势	无明显变化趋势	总体分布情况未知	—
K-S检验	检验变量取值是否为正态分布或其他分布	服从正态分布或其他分布	总体分布情况未知	—

思考与练习

儿童的游戏会受到多种外部因素的影响，而其中较为重要的影响因素有哪些呢？请通过观察进行分析。

拓展阅读

轶事记录法在幼儿评价中的应用①(节选)

一、轶事记录法可以用于评价幼儿哪些方面的发展

轶事记录法可以用来收集丰富而有用的多种信息,用以评价儿童在多方面的学习结果和发展。

概括起来,可以使用轶事记录法进行评价的幼儿发展领域主要有技能、习惯、态度、自我概念、兴趣、适应能力等,具体见表4-6。

表4-6 轶事记录法领域适用的评价

评价领域	代表性行为
技能	听、说、读、写、实验操作、画画、演奏乐器、跳舞、体育运动、学习技能和社会技能
习惯	计划的有效性,时间运用,仪器操作,资源的利用,表现出动机、创造力、坚持性等特点
态度	尊重他人,有礼貌,关心他人的幸福和感受,尊重他人的所有权,对社会问题的知觉
自我概念	对自我形象的认识,愿意尝试新的问题
兴趣	对各种教育、机械、艺术、科学、社会和娱乐活动等表现出兴趣
适应能力	和同伴的关系,对表扬和批评的反应,对权威的反应,情绪稳定性,社会适应能力

案例分析

与众不同的白白

5月28日,幼儿园进行六一儿童节节目彩排。其中一个节目是张白白所在班级的16个女孩表演舞蹈,张白白没有参加这个节目。当16个女孩上台彩排时,张白白冲上舞台与她们一起跳,她自成一队,专心舞蹈。她的举动出乎老师的意料,老师在舞台旁边喊她,她却不闻不问,一心一意表演。她为了避免老师对她表演的干扰,迅速跑到了舞台前面领舞。老师尝试在舞台下抱她下来,但她坚持不下舞台,继续尽情表演。最后,老师只好亲自上舞台强行把她抱下来。

① 夏靖.轶事记录法在幼儿评价中的应用[J].学前教育研究,2003(Z1):50-52.

张白白的表演欲望特别强烈。在老师不安排她表演时，她能冲向舞台尽情表演，这样的勇气是十分可贵的。园长目睹了这一过程，建议给张白白一个机会，六一儿童节本来就是孩子们的节日，舞台是属于孩子的，多一个人表演也不会影响节目的质量。但班级老师没有采纳园长的建议，原因之一是张白白没有统一的服装，原因之二是担心她上台有太多不可控因素，会影响节目效果。老师表示，在正式演出时，绝对不会让这样的“意外事件”再次发生。园长也只能尊重老师的意见，没有过多地干预。园长被张白白的勇气打动的同时，也为她不能参加节目表示遗憾。

6月24日早上入园，当母亲离开班级时，张白白喊着、跳着要短裤。园长刚好看到，理解为张白白可能要一条短裤方便午睡时更换，也有可能是因为入园焦虑，向家长提出一些要求。园长考虑到张白白母亲的单位要指纹打卡上班，怕家长上班迟到，只是敷衍张白白说，等一会儿给妈妈打电话要短裤。下午时，张白白的腿擦破了皮，园长帮忙涂药时，发现她穿着连衣裙，没有穿内裤。这时，园长才联想到她入园时要短裤的原因，感到十分愧疚。离园时，张白白外婆来接她，园长主动表达歉意，表示对孩子的合理需求没有给予积极应答，导致孩子一天都没有穿内裤。她外婆说，天气热，早上时间紧，疏忽大意，只忙着套上裙子，忘记给孩子穿内裤了。对于园长对孩子的关心和爱护，外婆表示非常感激。[①]

案例分析：《指南》中指出：“以欣赏的态度对待幼儿。注意发现幼儿的优点，接纳他们的个体差异，不简单与同伴做横向比较。”《幼儿园教育指导纲要（试行）》中指出，教师应成为幼儿学习的支持者、合作者、引导者。以关怀、接纳、尊重的态度与幼儿交往。耐心倾听，努力理解幼儿的想法与感受，支持、鼓励他们大胆探索与表达。关注幼儿在活动中的表现和反应，敏感地察觉他们的需要，及时以适当的方式应答，形成合作探究式的师生互动。幼儿存在个体差异，园长、教师和家长在生活中应践行尊重、理解、善待幼儿的理念，特别是对张白白这样与众不同的孩子，要不断反思，公平地对待他们，寻找他们的闪光点，让每一个幼儿健康快乐地成长。

① 钱桃英.一名幼儿成长的案例分析[J].教育观察，2014，3(4)：82-84.

考查要点

根据所要开展的儿童行为观察研究，正确选择观察方法，制订相应的观察记录表；能根据数据的类型，选择合适的分析方法，对数据进行定性分析或定量分析。

思考与实训

思考：

1. 简述描述观察法的分类及各自优缺点。
2. 简述取样观察法的特征及优缺点。
3. 比较时间取样观察法与事件取样观察法之间的区别。
4. 简述数据分析的一般步骤。
5. 简述描述分析和推论分析的原理。

实训：

儿童游戏行为观察①

1. 观察目标

（1）从群体或个体的视角研究游戏行为。按照具体的描述标准分析儿童的行为，并据此判断儿童的行为是游戏性的还是非游戏性的。

（2）分析儿童的互动内容，判断其属于帕顿提出的六种游戏或社会互动类型中的哪一类。

（3）观察几名儿童的行为，寻找支持维果茨基提出的游戏益处或结果的证据，例如，儿童在游戏中展示了他在其他游戏活动中不能表现出的行为。

2. 观察时间

时间：×××

3. 观察地点与班级

地点：×××

班级：×××

4. 观察工具与指标解说

（1）儿童游戏观察表。

①沃伦·R. 本特森. 观察儿童——儿童行为观察记录指南：第2版[M]. 于开莲，王银玲，译. 北京：人民教育出版社，2016.

表 4–7　儿童游戏观察表

游戏	观察者姓名：____________ 被观察儿童的姓名：____________ 儿童的年龄：____________儿童的性别：____________ 观察情境（家庭、儿童保育中心、幼儿园和学校）：____________ 观察日期：____________观察开始时间：____________ 观察结束时间：____________ 简要描述观察地点的物理特点和社会特点：____________ ____________ ____________ ____________
目标行为描述与解释	时间段 1：开始时间____________结束时间____________ 解释 1： 时间段 2：开始时间____________结束时间____________ 解释 2： 时间段 3：开始时间____________结束时间____________ 解释 3： 时间段 4：开始时间____________结束时间____________ 解释 4： 根据需要或要求请继续进行观察。 解释性评论：

（2）游戏类型观察记录表。

表 4–8　游戏类型观察记录表

游戏	观察者姓名：____________ 被观察儿童的姓名：____________ 儿童的年龄：____________儿童的性别：____________ 观察情境（家庭、儿童保育中心、幼儿园和学校）：____________ 观察日期：____________观察开始时间：____________ 观察结束时间：____________ 简要描述观察地点的物理特点和社会特点：____________ ____________ ____________ ____________

续表

游戏描述与分类	无所事事的行为： 旁观行为： 独自游戏： 平行游戏： 联合游戏： 合作游戏： 解释性评论：

（3）游戏益处的观察记录表。

表 4–9 游戏益处的观察记录表

游戏	观察者姓名：__________ 被观察儿童的姓名：__________ 儿童的年龄：__________儿童的性别：__________ 观察情境（家庭、儿童保育中心、幼儿园和学校）：__________ 观察日期：__________观察开始时间：__________ 观察结束时间：__________ 简要描述观察地点的物理特点和社会特点：__________ __________ __________ __________

续表

目标行为描述与解释	观察和记录符合维果茨基所提出的游戏益处的游戏行为。每个例子要记录儿童的姓名以及行为事件开始和结束的时间。 创造了最近发展区的游戏: 儿童______开始时间________________结束时间________________ 有助于发展自我调节的游戏: 儿童______开始时间________________结束时间________________ 根据需要或要求,请继续进行观察。 解释性评论:

推荐阅读

[1]沃伦·R.本特森.观察儿童——儿童行为观察记录指南:第2版[M].于开莲,王银玲,译.北京:人民教育出版社,2016.

[2]Carole Sharman, Wendy Cross, Diana Vennis.观察儿童:实践操作指南:第3版[M].单敏月,王晓平,译.上海:华东师范大学出版社,2008.

第5章 学前儿童行为观察与分析的结果

孩子们的各种肢体行为里都隐藏着他们内心的一些小秘密。该如何走进孩子的内心，揭示儿童行为表象背后的动机，读懂孩子的行为模式，理解并规范孩子的行为，是本章要和大家一起讨论的问题。

美国劳拉贝克将儿童的发展划分为身体动作发展、认知发展和社会情感性发展等三个方面，而我国教育部颁布的《3—6岁儿童学习与发展指南》，把幼儿园教育内容分为了五个领域，本章结合上述内容将儿童行为划分为肢体行为（身体动作）、语言行为、社交情绪行为、习惯行为等四个方面。对儿童行为的观察与分析，将使我们更加深入地了解儿童身心健康发展的特点与规律，更全面地阐释儿童各种行为背后的生理和心理机制，为幼儿教师和家长的教养方式提供必要的实践支持。

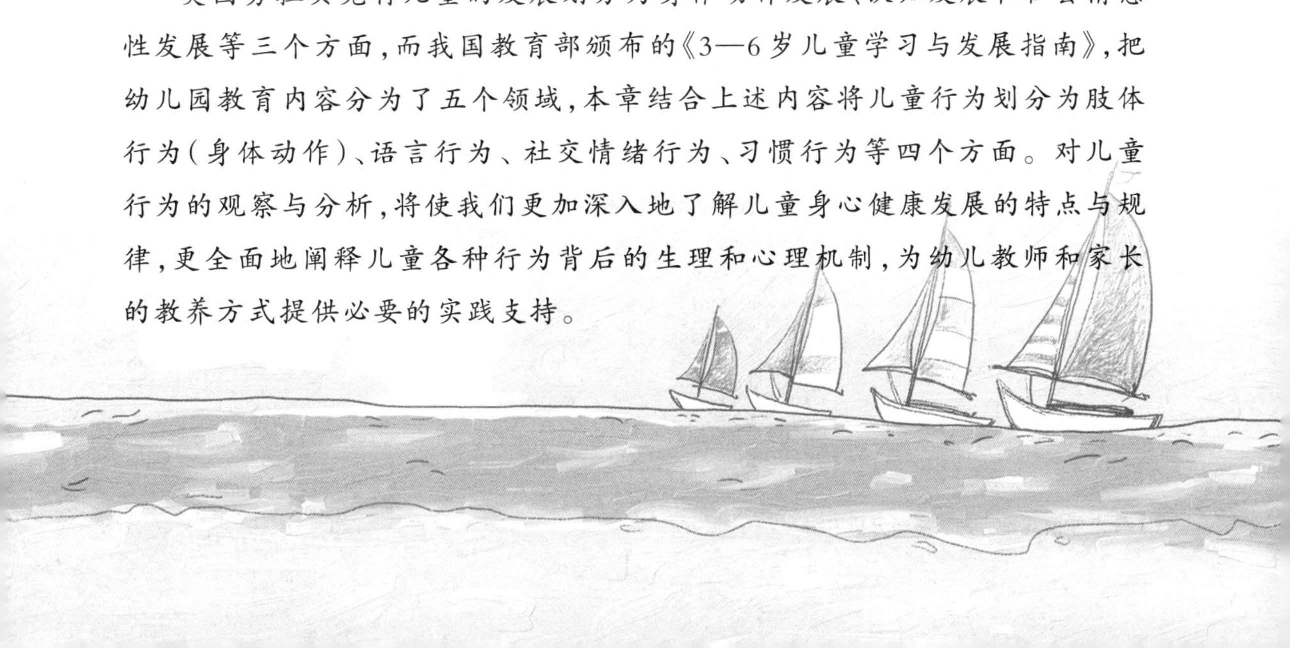

【学习目标】

1. 知识目标：了解学前儿童常见的行为类型；了解学前儿童各类行为的含义；理解学前儿童常见行为类型的观察意义。

2. 技能目标：能对儿童行为进行分辨与归类；能运用分析结果解释相关的教育现象并解决问题。

3. 情感目标：初步树立科学的儿童行为观察观念并能客观分析儿童行为。

【学习重难点】

1. 掌握学前儿童常见的行为分类，理解各类行为的含义与观察意义，理解学前儿童常见行为类型分析的结果。

2. 尝试运用行为分析结果解决实际教育中遇到的问题。

3. 初步树立科学客观的儿童行为观察观念。

【知识结构图】

- 学前儿童行为观察与分析的结果
  - 肢体行为观察与分析的结果
    - 基本含义
    - 基本分类
    - 观察意义
    - 案例分析
  - 语言行为观察与分析的结果
    - 基本含义
    - 基本分类
    - 观察意义
    - 案例分析
  - 社交情绪行为观察与分析的结果
    - 基本含义
    - 基本分类
    - 观察意义
  - 习惯行为观察与分析的结果
    - 基本含义
    - 基本分类
    - 观察意义

第一节
肢体行为观察与分析的结果

一、基本含义

肢体行为(身体动作)指的是肢体的基本动作,对儿童身体动作的观察包括对他们身体发育的观察和运动能力发展的观察,这也是儿童在成长过程中,最易被人看见、被观察、被描述,也是最易被测量的一个方面。身体发育主要包括身高体重、机能发育及身体健康的变化等;运动能力发展主要包括儿童大肌肉运动、小肌肉运动及手眼协调能力的发展。

这类行为是可以直接被他人观察的,较引人注目,也是便于测量的行为,因此,我们又把这类行为称为外显的肢体行为。格式塔心理学认为,个体的行为是由其与所在环境相互作用决定的,人的某些肢体行为的产生是受心理活动的支配产生的外部活动。我们做的任何动作在一定意义上都会涉及身体的运动,对儿童来说更是如此。例如,儿童在一日活动中出现的走、跑、跳、穿脱衣服、穿袜子、系鞋带、吃饭、睡觉等,都属于肢体行为。

二、基本分类

从某种角度说,儿童的行为无所谓好与坏,他们只是不知道何为对错。下面将重点阐述儿童常见的四种行为:攻击性行为、捣乱行为、破坏行为和冒险行为。

(一)攻击性行为

攻击性行为是指儿童因不良品行、习惯和非理性冲动而表现出来的用语言或身体去伤害他人的一种行为。具体表现为情绪高度不稳定,极易冲动、鲁莽,稍有不顺,便大打出手,不计后果等。打人、咬人、向他人扔东西等都属于攻击性行为的范围。[①]教师看到儿童打人时,无论何种情况下都会及时阻止儿童打人,然后教师一般会花几分钟时间斥责打人的儿童,或者采取说教的方式,向这名儿童解释为什么不能打人以及打人以后应该道歉等,但教师采取的回应方式可能会弄巧成拙。

实际上,大多数儿童都知道打人是不对的,因此需要教师透过事件本身看清孩子行为背后的原因。教师如果只是就事论事,给予孩子关注(即使是负面的关注),可能反而会"促进"这个孩子以后继续打小朋友的行为,因为他知道了打人是获得教师关注的一种有效方式。

案例分析

打人

4岁的浩浩性格开朗、待人友好、语言表达能力强,喜欢参加班里的所有活动,深受老师和同伴的喜爱。他的想象力也很丰富,在玩一些假装游戏的时候,常常能用积木搭建非常复杂的建筑模型,在搭建时还会加上一些游戏的情节。可是,他最近总是喜欢打小朋友,他在打了某一个小朋友以后会大步跑开,说:"没有人喜欢我!"而老师看到他这样做时,会叫住他,他反而很开心的样子。当老师告诉他这样做伤害了其他小朋友时,浩浩也会乖乖地向对方道歉。[②]

案例分析:在这个案例中,当老师看到浩浩打了人,浩浩不仅不害怕,反而很开心。可见,浩浩的真实意图并不是打人,只是想通过打人的方式吸引老师的注意,因此不能简单把浩浩归为顽皮孩子的行列。

① 汪伟伟,胥兴春.幼儿寻求教师关注的问题表现、成因及对策[J].天津市教科院学报,2015(1):81-83.

② Eva Essa.幼儿问题行为的识别与应对(教师篇):第6版[M].王玲艳,张凤,刘昊,译.北京:中国轻工业出版社,2011.

（二）捣乱行为

在幼儿园的集体教学活动中，儿童在教室乱喊乱叫，乱扔东西制造噪声，扰乱集体活动，等等，都属于捣乱行为。捣乱行为是儿童通过故意制造噪声或其他干扰方式扰乱集体活动正常进行的一种行为。

案例分析

捣乱

“砰！”老师们和小朋友们齐刷刷把头转向了声音发出的方向。只见在“娃娃家”活动区中，5岁的洋洋站在一个被翻倒的木头凳子旁边，显然，是他翻倒了凳子，而他这么做是为了制造声音。在这之前，洋洋堆了一些积木，并把它们整齐地摆在架子上。一开始，洋洋爬到架子上一个一个地往地上扔，不一会儿又把积木一下子全推倒在地上。老师们很生气，都走向了洋洋，一个把他抱下来，一个收拾剩下的积木，脸上也都流露出不愉快的表情，可洋洋却显得很开心。在老师的要求下，洋洋把积木摆放整齐，把凳子摆好。[①]

案例分析：整个过程中，洋洋故意把凳子翻倒又站在旁边，摆好积木又扔下去，试图让别人以为这只是一个意外，在吸引了老师的注意以后，洋洋不仅不害怕反而很高兴。在老师的要求下，洋洋自觉地整理好被推倒的凳子和积木。可以看出，洋洋推倒积木、翻倒凳子等都是故意的捣乱行为，但他的意图只是通过制造噪声吸引老师的关注，尽管是负面的关注。

（三）破坏行为

每当看到儿童在教室出现撕毁图书、摔坏玩具、破坏他人作品等行为时，教师脸上都会流露出不愉快的表情。此类儿童故意损坏教室里的材料或设备的行为便是破坏行为。

① Eva Essa.幼儿问题行为的识别与应对（教师篇）：第6版[M].王玲艳，张凤，刘昊，译.北京：中国轻工业出版社，2011.

案例分析

撕画

小雨是班里较活泼的孩子,在一次绘画课上,他想向老师展示自己的作品,可老师正在指导其他小朋友,没有注意到他。这时,小雨把邻座小朋友的作品一下子抓起来撕掉了。然后,这位小朋友的哭声吸引了老师的注意,当老师走过来时,小雨急忙跑到老师身边说:"老师,你看我画得漂亮吗?"①

案例分析:小雨显然是故意损坏他人的作品,但是他的目的并不是真的要损坏他人的作品,而是通过这件事去吸引老师的注意。老师也往往认为,对这类行为不加以阻止不仅会使教室一片狼藉,还会使其他幼儿效仿。老师开始不断地斥责、不停地说教,然后会让孩子帮忙修补图书或玩具。幼儿由此获得了老师的关注,增加了和老师在一起的时间。可以看出,老师的关注对幼儿撕书、破坏玩具等行为形成了一种直接强化,幼儿以后出现此类行为的次数也会越来越多。

(四)冒险行为

关于冒险行为(Risk-Taking Behavior)的研究由来已久。观察与分析冒险行为主要是考察儿童在面临风险情境时的行为动作,即做与不做以及做的过程中的表现。

案　　例

担惊受怕

自从学会走路后,慧慧就开始不断地让外婆担心:在玩滑滑梯时,不好好走楼梯,偏要从滑梯下面倒爬上去,哪怕一次次摔下来,依然玩得不亦乐乎;或者刚好好地走着楼梯,忽然一转身从上面跳下来;小区里有个海盗船,只有绳梯可以上去,慧慧常常趁外婆不留神时爬上去;在家里,慧慧每次都要爬上阳台,然后再蹦下来。慧慧把外婆搞得心惊胆战。我回家后,外婆跟我告状,我每次都是拍手表扬慧慧,把外婆气得不轻。②

① Eva Essa. 幼儿问题行为的识别与应对(教师篇):第6版[M]. 王玲艳,张凤,刘昊,译. 北京:中国轻工业出版社,2011.

② 同上。

相信很多家长都会有以上案例中的经历。其实儿童和成人对这个世界的认知是处在完全不同的两个阶段的。儿童天生具有好奇心,尤其是对未知的事物,具有很大的新鲜感。许多在我们看来很熟悉的事物,在孩子眼里却是很新奇的,在我们看来很平淡的游戏,孩子却觉得很刺激。

对于儿童的一般冒险行为,教师和家长首先不要害怕,而是要做好心理准备,因为儿童喜欢做这个游戏,并且重复地做这个游戏,只是为了寻求感觉刺激。我国学者陈英和、李慧对比儿童和成年人的风险决策能力发现,五岁儿童已具备概率判断认知能力,也就是说,儿童在某种情境中已经具备了对风险进行分析,对后果概率进行判断并做出决策的能力。①其次,要认识到并不是所有的冒险都对儿童具有消极作用。教师和家长可加以合理引导,带领儿童一起探索未知的世界,因为冒险、探索是促进儿童创新能力发展的重要游戏活动,也是儿童提升自信心、发展身体机能、增强问题解决能力、获得丰富生活经验的主要渠道。

三、观察意义

幼儿阶段是学前儿童身体发育和身体机能发展极为迅速的时期,也是形成安全感和乐观态度的重要阶段,所以对儿童肢体行为(身体动作)的观察具有重要的意义。

(一)促进儿童身体正常发育

学前儿童正处于不断生长发育的阶段,就像建高楼打地基一样,地基越牢固,楼才能建得越高越结实。儿童在生长过程的任何一个阶段出现异常,都会影响其部分或整个身体的发展,这种损害有时是暂时的,可以逆转,有时则是永久的,不可逆。儿童若生长发育不良或异常,不仅会导致其成年后身材矮小、心理有障碍、运动能力较差、健康状况不佳等,还会对其后代的生长发育和健康带来不利影响。

因此,幼儿阶段的正常生长发育是人一生健康和发展的基石。我们应观察学龄儿童的身高和体重,定期进行生长监测和评估,判断其发育是否正常,以便及时发现可能存在的问题并纠正,最大限度地促进儿童健康成长。

① 陈英和,李慧.在获得和失去情境中儿童风险决策的发展特点[J].心理科学,2008,31(5):1031-1034.

（二）促进儿童身体机能的协调发展

我们经常发现有些儿童会出现同手同脚等运动时动作不协调的情况。由于动作不协调，这些儿童在活动中也易受到伤害，久而久之，就影响动作的流畅性，容易造成其自信心的缺乏，制约动作能力发展。学前期是儿童动作协调性发展极为重要的时期，但儿童身体的各器官的机能尚未发育成熟，所以科学、适宜地发展其动作的协调性，能促进儿童身体各器官的正常生长发育，同时对视觉、听觉、左右脑功能等的开发也有极大促进作用。培养学前儿童动作协调性也有利于增强关节的灵活性和牢固性、耐力和弹性，使骨骼变得更加坚固和粗壮。

在学前儿童成长过程中，需要通过观察其大肌肉运动、小肌肉运动和手眼协调运动，来判断其是否协调发展，以促进学前儿童身体机能和体能的发展。

（三）是其他领域发展的基础

《3—6岁儿童学习与发展指南》指出，发育良好的身体、愉快的情绪、强健的体质、协调的动作、良好的生活习惯和基本生活能力是幼儿身心健康的重要标志，也是其他领域学习与发展的基础。幼儿身体的良好发育是语言、认知、情绪、社会性等方面发展的前提和物质基础。幼儿只有有了强健的体魄、愉快的情绪，才能精力充沛、积极主动地投入到对外界环境的探索之中去，才能与他人建立良好的关系，这些都有助于幼儿获得丰富的感性体验，促进幼儿社会性的良好发展。幼儿在动作协调性方面的良好发展是进行各类游戏、早期阅读、绘画、表演等活动的能力基础。①

所以，对学前儿童肢体行为（身体动作）的观察，是实现儿童全面和谐发展的基础，也是幼儿园保育和教育的首要任务，能为儿童以后一生的健康打下良好基础。

（四）可以为家长提供教养支持

在学前教育时期，儿童一天约三分之一的时间都在幼儿园和老师、同伴一起度过，家长想更多地了解自己的孩子在幼儿园的一日生活情况，就需要从幼儿园班级老师那里获得更多的支持。因此，幼儿园老师每日对学前儿童肢体行为进行观察记录，不仅可以更加全面地了解儿童各方面发展的水平和特点，进而对不同儿童肢体行为问题提出与之发展相适应的教育建议和策略，还可以将学前儿

① 李季湄，冯晓霞.《3—6岁儿童学习与发展指南》解读[M].北京：人民教育出版社，2013.

童情况及时反馈给家长，加强家长对幼儿园老师的信任，能配合幼儿园老师的工作，实现家园共育，共同促进学前儿童健康成长。

四、案例分析

我该怎么办

“今天哪，李老师要给小朋友们讲一个非常有趣的故事，它的名字是《好饿的毛毛虫》，你们想听吗？”集体活动时间，李老师翻开了绘本故事书。小朋友们都很快地安静下来了，三十多张期待的小脸儿围成一圈儿面向李老师。可还没讲三句，李老师就被一声“砰”的声音给打断了。李老师停顿了几秒，然后继续讲，但有几个小朋友已经把头转向了声音传来的方向。当李老师讲到第二页时，在同一个方向又传来了“嘻嘻”的笑声，紧接着又是几个小朋友的低语声。李老师这次停了下来说：“豆豆，请你安静地坐好，听我讲毛毛虫的故事。”

三岁半的豆豆一扭一摆地回到自己的座位上，乖乖坐好，把小手放在了大腿上，并对李老师甜甜地笑了一下，李老师继续讲故事。可就过了半分钟，豆豆旁边的儿童大叫起来：“啊！李老师，豆豆踢我！”李老师说：“豆豆，请你把脚收好！”豆豆又给了李老师一个微笑。

李老师继续讲故事。可是豆豆又马上扭动起身体来，他起身走到另一个区域——搭建区。他挤进两个小朋友的中间，他们不得不移动身体给豆豆让出地方。李老师继续讲故事，也给了豆豆一个生气的眼神。

豆豆慢慢地把手伸到身后，拿出了一块积木。他仔细地端详积木，然后递给了旁边的坤坤，大声地说：“看我拿了什么？”旁边坐着的一位老师说：“嘘！”豆豆又拿了一块积木，然后用两块积木互相敲打起来。几个儿童笑起来，有的儿童转头注视豆豆，有的儿童已经开始互相交谈，还有几名儿童已经走到了其他的地方。李老师让豆豆把积木放回去，然而豆豆仍然敲打着积木。李老师合上了故事书，宣布集体活动结束。①

（一）行为表述

这名儿童（豆豆）在集体活动中，经常弄出声响，扰乱集体活动，如讲故事活动、集体教学活动等。

① Eva Essa. 幼儿问题行为的识别与应对（教师篇）：第6版[M]. 王玲艳，张凤，刘昊，译. 北京：中国轻工业出版社，2011.

（二）行为观察

除了此案例中的行为，教师还需要对豆豆扰乱集体活动的行为进行连续几天的观察，以便对豆豆的行为获得更详尽的了解。

（1）豆豆以何种方式扰乱集体活动？

①在教室的其他地方捣鼓物体，发出声响。

②和其他小朋友说话或耳语。

③推、挤、摸其他的小朋友。

④突然发笑。

⑤站起来又坐下，或直接从集体活动中走开。

（2）豆豆是和谁一起扰乱集体活动的？

①独自一人扰乱集体活动。

②走向自己喜欢的小朋友，试图让他和自己一起玩儿。

③和邻座的某个或几个小朋友一起。

（3）豆豆在扰乱集体活动时，经常会做什么样的活动？

①搭积木。

②讨论、谈论。

③敲击物体。

④讲小故事。

（4）豆豆在扰乱集体活动之前，他的行为是什么？

①注意力一开始集中在集体活动上。

②注意力一开始就不在集体活动上。

③另一名小朋友的行为活动吸引了他的注意力。

④坐立不安，扭来扭去。

⑤坐在离老师较远的地方，观察老师是否在看他。

（5）豆豆在扰乱集体活动之后，他的行为是什么？

①及时回到座位上乖乖坐好。

②继续他当下的行为活动。

③其他儿童转向豆豆，但仍继续听老师的指令。

④其他儿童看向豆豆，豆豆开始笑起来。

⑤吸引了其他儿童的注意力。

⑥不认为自己在扰乱集体活动。

⑦扰乱集体活动的行为次数越来越多。

（三）行为影响

幼儿园组织的集体教学活动是教师按照一定的教学目标，依据一定的教学原则，选择教学内容，设计教学过程，并面向全班学前儿童实施的活动。在集体教学活动中，教师是一名智慧的课程实施者，是在关注儿童已有经验的基础上进行精心预设之后的现场实践。教师在活动中要与儿童进行积极的师幼互动，对儿童进行正确的引领提升。集体教学活动的实施，有助于教师对儿童的发展做出评价，正是在这种解决相同问题的过程中，教师能通过横向比较，迅速了解儿童在某些方面的发展情况。在集体教学活动中，教师的作用就像是一辆正在行驶的汽车里的驾驶员，把握着活动发展的方向，决定着活动进行的速度，影响着活动开展的质量。一旦集体教学活动被扰乱，集体教学活动的目的达成就会受到阻碍，不仅影响和扰乱参加活动的儿童本身的活动，同时也会干扰其他儿童接受教学活动。

（四）行为分析

1. 考虑开展集体活动所在的班级环境

环境是重要的教育资源，幼儿园班级环境创设的目的是通过对环境的创设和利用，有效地促进儿童的发展。如果在班级环境创设中放置了一些容易使儿童分心的玩教具，就要考虑将这些玩教具及时移走，或者在其他地方开展集体教学活动。

2. 考虑开展集体活动所用的时间长短

一般来说，在良好的教育环境下，3 岁儿童能集中注意力 3~5 分钟，4 岁儿童能集中注意力 10 分钟，5~6 岁儿童能集中注意力 15 分钟左右。如果在此活动之前，教师已经安排了一个结构化程度较高的、氛围比较安静的活动，接下来的活动还是要求儿童乖乖地坐好，就会比较难以开展。所以，教师需要多了解儿童发展心理学基础知识，合理安排一日常规活动的时间，做到动静结合，多种活动类型交替进行。

3. 考虑开展集体活动的教学内容

在集体教学活动中，教师通常要同时指导 30 多名儿童，组织相对来说会比较困难，而且每名儿童的兴趣、特点、能力都不一样。所以，教师需要考虑集体活动的教学内容是否是儿童喜欢的，是否能够激发儿童的学习积极性，是否是因为某个或某几个儿童对于活动内容感到无聊才引发了扰乱集体活动的行为。教师此时可以转换一下教学的节奏，拓展新的活动形式，进行新的活动内容或缩短本次集体教学活动的时间。

4. 考虑开展集体活动时儿童的座位

观察扰乱集体活动的某个或某几个儿童是不管和谁坐在一起都会发生扰乱集体活动的行为，还是仅仅只有在和某个或某几个特定的小朋友坐在一起时才会出现扰乱集体活动的行为。如果是后面一种情况，教师要把他们的座位调开，或者教师可以坐在他们的中间把他们分开。

5. 考虑儿童的个体原因

有一些儿童不能安静地坐着保持这个年龄阶段该有的注意力集中时间，是因为他们在这个方面发展得比较晚，还没有能力将注意力集中足够长的时间。所以，教师需要弄清楚儿童扰乱集体活动行为的原因，是因为渴望被教师、同伴关注，但不懂得获取关注的正确方法，还是因为其本身没有能力集中注意力。教师应该及时与家长沟通，委婉地告诉家长儿童的行为和表现，取得家长的信任和理解，同时也可以告诉家长教师正在采取措施处理这一行为。①

思考与练习

让人头疼的悦悦

琳琳正在玩拼卡片的游戏。悦悦从她身边经过，用手一带，把琳琳的卡片扫了一地。琳琳大哭起来，引来了老师的注意：“悦悦请你向琳琳道歉！你把她的卡片弄到地上了，请帮她捡起来。”可过了好一会儿，悦悦才不情愿地帮琳琳捡起了卡片。老师一边夸奖悦悦“这样做才对”，另一边安慰大哭的琳琳。可悦悦看了他们一眼后，转身就走掉了。

在接下来的美术活动中，悦悦在米朵的画上胡乱地涂了几笔，又把米朵搭好的积木给推翻了，甚至还撕坏了另一个小朋友的两张画。老师们感到很头疼，因为他们还找不到什么好的办法来阻止悦悦破坏其他小朋友的作品。②

请分析上述案例中悦悦小朋友的行为。

①Eva Essa. 幼儿问题行为的识别与应对（教师篇）：第6版[M]. 王玲艳，张凤，刘昊，译. 北京：中国轻工业出版社，2011.

② 同上。

第二节
语言行为观察与分析的结果

一、基本含义

语言是人类最重要的交际工具，不仅是人们沟通时的主要表达形式，而且是人们交流思想的重要媒介。语言的形式主要有两种：人的肢体行为(口语)和文字符号。人的肢体行为是人们使用语言的主要形式，包括声音、手势及表情等。在本节中，我们主要分析的是儿童的口语行为。

语言行为(Speech Act)是美国乔姆斯基用语，与“语言能力”相对。他认为由于先天的语言能力的作用，人可以构造出无限多的句子，但其并不知道是语言能力控制着自己的语言行为。学前阶段的儿童语言能力尚未发育完全，很多儿童因为语言能力的限制还不能很清楚地表达自己的需求。比如，儿童会说话后，讲的话却词不达意，或者跟他人互动时并不能完全正确地表达出自己的真实想法，甚至当别人讲述一个自己喜欢的主题时，儿童却无法说出与此主题相关的话语，也就无法进行互动。因此，儿童特别容易让人产生误解，年龄越小，这种问题就越明显。所以，教师需要透过儿童表面的语言行为，来剖析儿童语言行为背后的真正意思，从而帮助儿童提高语言表达能力及理解能力。

二、基本分类

学前儿童有时候会说出一些出乎意料的话语，或许他们并不知道这些话是什么意思，但是他们知道这些话是可以引起别人关注的。对学前阶段的儿童来说，语言行为主要涉及词汇异用、发音和吐字、语句结构、表达需求等四个方面。

(一)词汇异用

幼儿阶段是人一生中词汇增加最快的时期,随着儿童年龄的增长,其掌握的词汇范围也在不断扩大。儿童词汇分为积极词汇和消极词汇。积极词汇是指儿童既能理解又能正确使用的词汇;消极词汇是指儿童不能正确理解,或者部分理解但不能正确使用的词汇。儿童已经掌握了许多积极词汇,但也有不少消极词汇,因此常常发生乱用词的现象。

案　例

说脏话

琳琳是个很爱说话的中班小朋友。最近,她的语言中出现了一些脏话。不管她是生气还是高兴,都会用一些不雅的语言来表达情绪。其他时候,她也会使用这些不雅语言,通常还会边说边笑。当琳琳使用这些不雅的语言时,有的幼儿会大笑,有的幼儿会告诉琳琳不能这样说话,还有的幼儿会重复这些脏话。教师反应较为激烈,生气之后会训斥幼儿。然而,这些对琳琳来说都没有用,不能改变她说脏话的行为。琳琳仍然在使用有脏话的语言,有的幼儿还跟着她学,这让老师们很头疼。①

儿童经常说脏话或使用不雅的语言,通常会迅速引起他人尤其是教师的关注。当儿童第一次说出带有脏话的语句时,成人可能会大吃一惊,觉得不可思议,接着会猜想孩子是从哪里学到的这些话,或者是斥责孩子以后不能再说这些话。其实,大多数儿童并不理解这些话的含义,但当儿童知道自己说出这些话教师会把更多的注意力放在自己身上,或是当儿童知道使用这些话语是可以引起别人关注的时候,儿童就会意识到说这些话很特别,所以成人和其他儿童的种种表现反而增加了这名儿童以后说脏话的次数。

(二)发音和吐字

研究表明,3岁儿童发辅音时的错误较多,主要因为辅音要靠唇、齿、舌等运动的细微分化。3岁儿童在生理上也不够成熟,不能很好地控制发音器官,他们

① Eva Essa.幼儿问题行为的识别与应对(教师篇):第6版[M].王玲艳,张凤,刘昊,译.北京:中国轻工业出版社,2011.

的发音能力还不健全，从而导致听音和发音的不同步、不匹配等。此外，儿童所在的生活环境也会影响儿童的发音和吐字，比如北方地区的儿童在说普通话时，“zh、ch、sh”和“z、c、s”，“h”和“f”较难区分；南方儿童在学普通话时“en”和“eng”，“ in和ing”，“n”和“l”等涉及鼻音的韵母就较难区分。有的儿童在发“g、k、h、u、e”等音时也会有困难，这和成人在学外语或其他方言时常带乡土口音的情况类似，因此，教师必须注意学前儿童，尤其是3～4岁儿童发音的正确性。

哼哼唧唧一般是指用不正常的语调，使用一种抱怨式、依赖式的，通常是鼻音音调来说话的一种语言交流方式。大多数情况下，儿童喜欢哼哼唧唧是长期积累起来的一个语言行为习惯，不仅在幼儿园，在家庭中也会出现。

案例分析

喜欢“哼哼唧唧”

3岁的辰辰只要和别人说话就会哼哼唧唧而且经常抱怨。主要包括：“朱(嘟)老师，这里的颜料(鸟)不够用了。”“老师，他(咔)的手指(子)受伤了。”“老师，我找(早)不到我的衣(机)服了。”“老师，我的积(纸)木被抢(扛)走了。”对于辰辰的话，老师要反复听几遍才能理解意思，然后再仔细地检查一下，老师通常会发现颜料是充足的，别的小朋友的手指也没有受伤，他的衣服也放在平时放置的地方，他的积木完好无损地放在原地。慢慢地，面对辰辰的问题，老师们越来越不耐烦了。现在，当老师们看到辰辰时，通常会赶快走开，希望能通过这种方式，减少辰辰的这种语言行为。①

案例分析：在这个案例中，辰辰小朋友一方面发音和吐字不是很清晰，说话还很急躁；另一方面，因为好玩，希望得到老师和小朋友的关注。辰辰并不是真的颜料不够用，也不是真的找不到衣服，可能只是想通过这种哼哼唧唧的方式获得老师的帮助，寻求老师的关注。如果经过长期观察，发现辰辰真的有发展问题，就需要老师和家长给予正确的引导，或者寻求医生的帮助。

① Eva Essa.幼儿问题行为的识别与应对(教师篇)：第6版[M].王玲艳，张凤，刘昊，译.北京：中国轻工业出版社，2011.

(三)语句结构

儿童最初说的句子结构是不完整的。大约2岁以后,儿童才能逐渐说出比较完整的句子,完整句子的数量和比例也会随着年龄的增长而增加。近年的研究表明,我国学前儿童使用简单句的比例呈逐渐减少的趋势,使用复合句的比例呈逐步增加的趋势。但总体来说,学前儿童使用频率最高的还是简单句。例如,2岁的儿童会说"妈妈,喝""爸爸,车车",意思就是"妈妈我要喝水""爸爸我要坐车"。

案例分析

倔强的妞妞

妞妞今年刚满3岁,之前一直是妈妈帮妞妞穿、脱、换衣服。可是今天的妞妞不一样了,她无论如何都不肯让妈妈帮她穿衣服,妈妈急着送妞妞去幼儿园,连忙问妞妞:"今天为什么不让妈妈给你穿衣服呢?"妞妞哭着说:"我不穿,不好看,我就不穿,它不好看。"可最后,妞妞还是按照妈妈的要求穿上了这件衣服。妈妈高兴地说:"啊,原来妞妞是因为不喜欢这件衣服,所以不想穿啊!"妞妞也用自己的方式重复了一次妈妈的话:"因为我不喜欢这件衣服,所以不想穿。"[①]

案例分析:从妞妞和妈妈的语言沟通过程我们可以看到,妞妞已经能够用语言表达出事情的因果关系,能说出一些相对比较复杂的句子。但是我们也可以看到,她还不会使用"因为……所以……"等这样的句式,但在妈妈的演示下,妞妞学会了。案例中的妞妞正处在语言学习的敏感期或者关键期。

语句结构是指使用的句子类型,主要有主动句、祈使句、疑问句、反问句等。儿童语言发展中最重要的一个方面就是表达能力的发展,而3岁这个阶段是儿童口头语言发展的敏感期,若教师和家长能抓住,可以有效促进儿童的语言发展,增强儿童与人沟通的能力。

① Eva Essa.幼儿问题行为的识别与应对(教师篇):第6版[M].王玲艳,张凤,刘昊,译.北京:中国轻工业出版社,2011.

(四)表达需求

3岁左右的儿童开始学会使用人称代词了，最常用的是“我”和“我的”这两个词，这也表现出他们仍然是以自我为中心的。

案例分析

我要，我就要

蓬蓬今年4岁了，最近妈妈发现她的书包里总是多出来很多的毛绒小鸭子玩具、故事绘本等，偶尔还会有一些橡皮擦之类的文具。这让妈妈感觉到很奇怪，因为这些物品并不是爸爸妈妈买的，也不是爷爷奶奶给她买的。

一天离园后，妈妈问蓬蓬书包里的东西是从哪里来的，蓬蓬说：“因为我觉得幼儿园的东西很好玩，而且我的家里没有，所以就带回我的家里了。”可是当妈妈告诉蓬蓬这样做不对时，蓬蓬却哭着说：“不行，我要，我就要。”①

案例分析：妈妈认为，蓬蓬是“偷”了幼儿园的东西，可是对于蓬蓬来说，她有可能仅仅是因为“喜欢”。心理学研究表明，3～4岁的儿童还没有“偷”的概念，这个年龄阶段的儿童喜欢拿他人的或公共的东西只是占有欲的一种表现，认为只要是自己喜欢的，就要占为己有。另外，3~4岁的儿童还处于以自我为中心的阶段，对“我喜欢的，他喜欢的”“这是我的，这是他的，那是你的”等概念的区分还不是特别清楚，认为只要是自己喜欢的就必须占有在自己的手里。对于这样的情况，老师和家长在日常生活和教育中，要跟孩子讲道理，让他知道拿别人的东西是不对的，即使很喜欢，也要经过他人的同意才可以拿，也可以教孩子一些礼貌用语，如“可不可以……”“我可以……吗”等。

三、观察意义

《3—6岁儿童学习与发展指南》指出：“语言是交流和思维的工具。幼儿期是语言发展，特别是口语发展的重要时期。幼儿语言的发展贯穿于各个领域，也对

① Eva Essa. 幼儿问题行为的识别与应对(教师篇)：第6版[M]. 王玲艳，张凤，刘昊，译. 北京：中国轻工业出版社，2011.

其他领域的学习与发展有着重要的影响：幼儿在运用语言进行交流的同时，也在发展着人际交往能力、理解他人和判断交往情境的能力、组织自己思想的能力。通过语言获取信息，幼儿的学习逐步超越个体的直接感知。”这段话清晰地说明了观察儿童语言行为对儿童语言发展和其他方面发展的重要性。

（一）为书面语言学习奠定良好的基础

学前阶段是儿童学习早期阅读和读写的关键期，教育者在培养儿童口语交流能力的同时，还要帮助其做好书面语言学习的准备。

因此，幼儿园的教育者，甚至家长都很有必要观察和分析幼儿的口头语言，并在此基础上有意识地引导和教育儿童学习大量的口语词组，掌握正确的句式结构，练习运用连词等，让儿童能有条理地表达，促进儿童语言表达的逻辑性、灵活性和敏捷性的发展，为儿童进入小学后学习书面语言奠定基础。如能把看到的字形和相应的语音联系起来，理解文字内容和文字表达的意思，或者可以进行一些非正规的阅读准备，培养儿童对图形、文字等的认读与书写兴趣等。

（二）促进儿童社会交往能力的发展

意大利著名的儿童教育家蒙台梭利认为：一个人的智力发展和他形成概念的方法，在很大程度上取决于他的语言能力。儿童只有真正学会了说话，才能把自己的想法用正确的语句表达出来，才能自由地和他人交往，也才能更好地接受知识和经验。

观察儿童的语言行为，不仅可以帮助儿童增进对自己、对他人的认识和了解，逐步展开良性的社会交往，促进人际交往能力的发展，而且可以帮助儿童通过语言正确地表达自己的想法，让他人能够及时了解自己并引起他人的关注，帮助儿童获得情感方面的满足感。最后，观察儿童还可以帮助儿童矫正不良的语言行为，避免肢体暴力行为的发生，让儿童学会通过语言沟通和协商的方式避免与他人发生不必要的冲突。

四、案例分析

婴儿的语言

瑶瑶今年已经4岁了，可是她最近说话却喜欢用婴儿的语气。“宝宝要吃饺饺！”“宝宝要吃干干儿！”汪老师问：“你到底要什么？”瑶瑶说：“要饺饺，也要干干儿！”汪老师已经开始有点生气了。汪老师说：“你要饼干啊？我们一会儿就要吃点心了。”瑶瑶开心地离开了，并对汪老师说：“88了(拜拜了)。”

在下午的户外活动中，瑶瑶想玩走荡桥的游戏，可是荡桥那边已经满员了，瑶瑶就对汪老师说：“宝宝要玩走荡桥。”汪老师就和瑶瑶解释那边已经满员了(瑶瑶明白那边已经人满了)。过了一会儿，瑶瑶吮吸着手指走向汪老师说：“宝宝想玩。”荡桥边恰巧有一个位置空出来了，可瑶瑶只是站着不走，对汪老师说：“宝宝不敢走！”汪老师叹了一口气，开始扶着瑶瑶往前走。其实，这是瑶瑶很熟悉的一个游戏活动。

这一天的活动中，瑶瑶都像一个婴儿一样说话，老师们很反感。[①]

(一)行为表述

瑶瑶一天都在用婴儿的语言表达，但瑶瑶今年4岁了，这种儿语的表达方式不符合瑶瑶的年龄特征。

(二)行为观察

除了此案例中的语言行为，教师还需要对瑶瑶进行连续几天的观察，以便对瑶瑶的语言行为获得更详尽的了解。

(1)瑶瑶在什么时间喜欢用婴儿的语言？

①一日活动中的任何时间。

②在集体活动时间或自由活动时间。

③在午睡或餐饮时间。

④在户外游戏活动时间。

⑤只是在需要教师帮助的时候。

⑥刚入园、午后或是离园的时间。

(2)瑶瑶是因为什么事件喜欢用婴儿的语言的？

①假装游戏中需要扮演婴儿。

②受伤或委屈。

③寻求教师关注。

④获得自己想要的玩具。

⑤表达内心的不安。

(3)瑶瑶在使用婴儿的语言后，会发生什么样的事？

---

① Eva Essa. 幼儿问题行为的识别与应对(教师篇)：第6版[M]. 王玲艳，张凤，刘昊，译. 北京：中国轻工业出版社，2011.

①教师关注但未制止瑶瑶的语言。

②教师忽略了瑶瑶的语言。

③教师直接制止瑶瑶的语言。

④小朋友们学瑶瑶的语言。

⑤小朋友们未注意瑶瑶的语言。

⑥小朋友们笑话瑶瑶。

⑦小朋友们注意到瑶瑶但没有学或笑话瑶瑶。

（三）行为影响

瑶瑶今年已经4岁了，却用婴儿的语言和他人交流，这说明瑶瑶的生理发展是正常的，有可能是因为外在环境影响或是心理发展需求。在幼儿园或家庭中，瑶瑶用正常的语言表达方式和教师、父母或同伴交流时，并没有人给予回应，但她偶然发现用婴儿的语言，就会有人做出反应，这强化了瑶瑶用婴儿语言表达需求的行为。

经常使用与年龄不相符的语言行为，会在某种程度上阻碍语言能力的发展，也会直接影响她的人际交往能力、理解他人和判断交往情境的能力以及思维能力。所以，教师和父母有必要继续观察瑶瑶的语言行为，做出正确的判断，并找出原因，对症下药。

（四）行为分析

1. 使用婴儿语言的原因

在此案例中，瑶瑶不是因为生理原因使用婴儿语言，但教师如果在其他儿童身上发现也有使用婴儿的语言的现象，教师也不能忽略生理发展的原因。如果是因为发育不健全导致儿童出现使用婴儿语言的行为，教师就要及时与家长沟通，让家长及时带儿童去医院做相应的检查并治疗。这种情况一般发生在小班。

2. 为了寻求关注

如果儿童用恰当的语言和成人、同伴进行沟通交流，却没有得到积极的回应时，儿童往往会采取婴儿时期的语言行为，以寻求成人和同伴的帮助和关注。不管是积极的关注还是消极的关注，都会强化儿童使用婴儿语言的行为。

3. 假装游戏的影响

女孩特别喜欢玩“过家家”的游戏，有的喜欢扮演成人的角色，而有的喜欢扮演婴儿。需要注意的是，如果是在游戏中出现了使用婴儿语言的行为，教师可以忽略，但如果是在假装游戏之外，儿童仍使用婴儿的语言，教师就需要采取相应的措施加以制止。

4. 焦虑或不自信引起的

如家里出现了小弟弟或小妹妹，原有受到的关注会相应减少，会让儿童感到焦虑，没有安全感，这时就需要教师和其他成人理解他，并向他解释原因。另外，当儿童认为自己取得进步需要他人给予表扬时，而成人却一再地忽视或是打压，长此以往，儿童会不自信，转而使用婴儿的语言以求关注或表扬。所以，不论是幼儿园还是家庭，都可以让儿童承担一部分责任，如收发玩具等，经常给予其关注和表扬。

思考与练习

爱起外号的丽丽

丽丽是个很受欢迎的小朋友，可是最近她特别喜欢给其他小朋友起外号。有一个小朋友特别爱哭，她就会说："爱哭鬼，爱哭鬼。"因为这一点，她也越来越不受大家的喜欢了。朵朵小朋友有语言交流障碍，丽丽就会说："她是个结巴，讲话真搞笑！"对于脾气急的小朋友，丽丽就会说："他是个炮筒子，是个小恶魔！"很多时候，这些外号都是带有恶意的。有时，丽丽还会说"她是个哑巴""你这个肮脏的小乞丐"等。

老师们多次告诉丽丽给别人起外号是不对的，丽丽也会很爽快地道歉，可是道完歉后她仍像什么事情都没有发生一样，尽管被起外号的小朋友已经很生气了。①

请分析上述案例中丽丽小朋友的社交行为。

① Eva Essa. 幼儿问题行为的识别与应对（教师篇）：第6版[M]. 王玲艳，张凤，刘昊，译. 北京：中国轻工业出版社，2011.

第三节 社交情绪行为观察与分析的结果

一、基本含义

儿童的社交情绪行为是指儿童在社会交往中内心世界的一种外在表达方式，包括语言、动作、态度、声音等，一般有喜、怒、哀、乐、愁等表现形式。人从婴幼儿时期开始就能够察觉并区分他人的情绪、意图、动机和感觉等，并具备运用语言、动作、手势、表情、眼神等方式与他人交流信息、沟通情感的能力。比如儿童从小就表现出与人交往的需要和能力：当妈妈喂婴儿吃奶时，用“呵呵”的声音与婴儿交往，婴儿会用眼睛看着妈妈或以笑回应，这是亲子之情的流露和表现；儿童也非常喜欢跟小伙伴交往，即使不认识，只要碰在一起，八九个月大的婴儿便会互相摸抓，以表示亲热。年龄大一点的儿童则因为有共同的兴趣、相互能懂对方的语言，也能很自然地在一起玩耍。而且儿童的这种交往需要得到满足时，往往会特别高兴，反之就会表现出哭闹等不良情绪。因此，应正确认识儿童与人交往的需要，有意识地创设交往的条件，满足孩子情感上的需要。

2~6岁是社交能力发展的关键时期，社交情绪行为表现逐渐明显。如儿童看到好朋友生病难过时，能理解好朋友的难受，并且说一些关心的话语；对游戏过程中出现的矛盾和纠纷，儿童能够一定程度上克制独占、利己的想法，能与他人共同协商等。心理学家普遍认为：人的社交情绪代表着人的心理适应水平，是心理健康的一个重要指标，而社交情绪不良常常是心理疾病的主要原因。缺少正常人际交往的儿童，往往会表现出如下适应困难：拘谨胆小、害羞怕生、孤僻退缩，或以自我为中心、不能合作、任性攻击等。而尊重、分享、合作、关心则是预防和治疗这类心理问题的灵丹妙药。幼儿期的社交情绪行为发展，是儿童日后愉快健康成长的根基。长大后，他们更能调控自己的情绪，减少冲动及畏缩行为，有效抵抗竞争压力和反社会行为。同时，正面情绪有利于提升儿童的专注力和理解力，使学业成绩更理想。培养儿童的社会适应力，使儿童的社交生活更多姿多彩。而这类儿童以爱为基础，会更尊重父母及爱护家庭。

由此可见，在日常生活中，教师要善于观察和分析儿童的社交情绪行为，从小培养儿童的人际交往能力，对促进其心理健康发展有着积极而重要的意义。

二、基本分类

社交情绪行为表现有积极和消极两种。经研究观察，社交情绪行为的积极表现主要为：自制能力强、勇于表达自我、外向受欢迎、合群肯助人、能承受挫折、解决人际纷争时能采取好的方法等。儿童社交情绪行为的消极表现常见的有：情绪容易波动，性情急躁，爱发脾气；任性，想要的东西一定要马上得到，不然就大吵大闹；在家里表现活泼，在外却很内向、羞怯、不自信；不会表达自己，也不懂得理解别人；发生冲突时，采取打人、毁坏物品等攻击性、破坏性行为；不合群，不喜欢集体活动，不会交朋友，常常一个人独处；不愿接受批评，受批评时抵触情绪强；惧怕任何竞争性的比赛，选择不参加比赛以逃避压力；过分依赖成人，自我管理能力差，不愿意离开成人，甚至拒绝上学等。

综合儿童性格、心理及外在表现特点，社交情绪行为可分为以下几种类型。

（一）积极交往型

积极交往型的儿童，性格开朗大方，有很好的沟通能力和交友能力。在陌生的环境中，也能够主动和大家打招呼，喜欢与伙伴们分享好吃的食物和喜欢的玩具，见到长辈能有礼貌地打招呼。这类儿童对任何事都能给予积极关注，爱表达自己的意见，表现欲较强。

案例分析

欣欣是一个性格开朗的孩子，常常把自己从家里带来的糖块、饼干或是自己喜欢的玩具分享给其他小朋友。有时候发现小朋友玩雪花片不会接插时，欣欣会主动说："我来帮你好不好？"佳佳是一个爱哭的孩子，不喜欢在幼儿园大小便，每次都是欣欣牵着她的手如厕。慢慢地，佳佳在欣欣的帮助下，不再哭闹，虽说还是不爱说话，但是能逐步和小朋友一起参加活动了。集体活动时，如果老师让小朋友回答问题或是表演，欣欣总是积极地举手，并且主动地到前面来回答或做动作。

案例分析：从本案例可以看出欣欣和佳佳是性格完全不同的两个孩子，欣欣性格开朗，善于交往，喜欢和小朋友一起分享自己的东西，并且爱表现自己。而佳佳就属于性格内向、不善交往、情绪比较焦虑的孩子。特别是入园初期，性格比较内向的孩子往往会有入园焦虑。老师要善于观察与分析，让爱说话、善交往的孩子带动内向爱哭的孩子参与活动，让善于交往的孩子成为老师的助手，这样爱哭不爱动的孩子会很快适应幼儿园的生活。

（二）孤独型

一般来说，这类儿童往往是缺失亲情，导致其在情感上远离他人。儿童长大后，甚至采取冷漠的态度逃避"危险"的外部世界。社交情绪表现为沉默寡言，从不主动与他人交往，不和别人的目光对视，从不关心周围发生的事情，不参加集体活动，对玩具不感兴趣或只玩自己比较喜欢的玩具。孤独型儿童具有爱哭泣、情绪焦虑、情感脆弱、独立性及社会交往能力差等不良个性特征。

案例分析

芳芳是个大班的孩子，父母离异后，一直和爷爷奶奶一起生活。芳芳平时和老人缺乏沟通，父母双方又各自组建了家庭，对她的关爱也很少。离园回家后，老人要忙家务，孩子就只能待在家里自己玩，看看电视，很少和小伙伴交往，因而性格逐渐变得很内向，独自生活在自己的天地里。在幼儿园，她不和小朋友交流，从来不举手发言，也不和小朋友一起游戏，显得特别不合群。有时候老师布置的亲子作业，由于爷爷奶奶年纪大，辅导不到位，芳芳和其他的小朋友比起来，显得能力差、信心不足，从而产生自卑感。

案例分析：从本案例可以看出芳芳的内心是十分孤独的，她的自信心和自主感都没有得到发展。如胆子小，不与同伴交流，不与老师亲近，不举手发言，不和小朋友一起活动，情感脆弱，等等。这些情况的出现，是平时父母及爷爷奶奶忽略了与她进行情感的交流，对其内心世界缺乏了解造成的。芳芳觉得自己被忽视，得不到保护与信任，没有安全感。老人的照料仅仅是生活上的照顾，忽略了对孩子年龄特点和兴趣爱好的关注，致使孩子能力差，产生了自卑心理。老师一旦观察到这种情况，要及时和家长沟通，让家长改变教育方式，多关注孩子，培养孩子的兴趣，增强孩子的自信心。老师应多和孩子交流，倾听孩子的内心世界，让孩子感到老师是喜欢她、爱她的，多带她和小朋友一起游戏，有进步时及时表扬，逐步让她走出孤独，学会交往，变得开朗。

（三）自我中心型

这类儿童偏好独自游戏，与同伴交往时只考虑自己的需要与兴趣，交往技能差。他们通常自己的玩具自己玩，没有分享的意识。个别儿童还会出现独占玩具，摔别人的玩具进行报复甚至动手打人等行为。主要表现为以自我为中心，不懂得谦让、合作与同情，表现出自私、自负、任性、脾气暴躁等不良情绪。

案例分析

在科学活动区，童童正兴奋地拿着两个不同的小汽车玩具在斜坡上比赛。安迪走到他旁边，不一会儿，突然大声地哭着跑来对我说："老师，童童不给我小汽车，还咬我的手。"我走上前去问："童童，为什么咬安迪呢？"童童委屈地说："安迪抢我的小汽车。"我知道怎么回事了，就问安迪："你也想玩小汽车，是不是？"安迪一边擦眼泪一边点头。我对童童说："童童，现在安迪的手很疼，你怎么办？"童童拉过安迪的手用嘴吹了吹，并说道："对不起！"老师接着说："现在你可以和安迪一起玩，是吗？"童童点点头，并把其中一辆小汽车给了安迪。

案例分析：从案例可以看出，安迪看童童玩小汽车，自己也想玩。但他缺乏与人交往的能力，不知道如何去做，就采取了抢的方法，结果没有抢到反而得到了不恰当的交往回应：被童童在手上咬了一口。这种行为就是以自我为中心、不顾及他人感受、交往技能差的表现。遇到这种问题，老师应及时进行引导，改变孩子任性、以自我为中心的意识，并通过游戏、讲故事等方式教育儿童学习交往技能，感知交往与分享的快乐，并与家长合作，做到同步教育。

（四）偏交往型

这类儿童大多不常和外人交往，人际交往经验较少，平时只喜欢与熟悉的人交往，在陌生人面前则显得胆小和犹豫，而且往往对他人的表情和语言非常敏感，在人际交往中很容易受伤。

案例分析

菲菲是一名非常可爱的小班幼儿，入班已经快4个月了，但每次妈妈送她来幼儿园时，她总是躲在妈妈的后面，腼腆地偷看老师。妈妈把她从身后拉出来，让她和老师打招呼，她却总是怯怯地用很小的声音说："老师好。"之后她便慢慢地去搬小椅子。在班里，菲菲只和她的一个邻居阳阳玩，阳阳做什么她也跟着做什么，一般不和其他的孩子玩。她的妈妈发现，菲菲在家和在幼儿园表现完全不同，曾不止一次与我进行交流，并邀请我到她家进行实地考察。为了全面了解菲菲，我和配班老师相约去她家看看。事先她妈妈没有告诉菲菲今天老师要来，为的是让老师看看菲菲在家的表现。走到她家门口，我们才遇到了菲菲的爸爸，我们没有立即进门而是站在门口观察，只见菲菲高兴地又唱又跳。在门口站了一会儿后，我们便进去了。正在扭着屁股跳舞的菲菲转身看见老师，本来喜笑颜开的脸瞬间变为害羞，一头扎进妈妈的怀里，不敢抬头。在妈妈的开导下，她终于肯自己坐在沙发上。我们和她父母沟通完，要走了，她才在妈妈的拉拽下站到门口送我们下楼，却没有说任何话。

案例分析：菲菲是偏交往型儿童，和不熟悉的人交往会表现出胆怯。在家里，因为爸爸妈妈都是自己的亲人，菲菲便能放开自己，大胆地在家里又唱又跳，可是一旦到了外面或有不熟悉的人在，她就觉得在别人面前唱歌、跳舞会很害羞，因此她从来不愿意在别人面前展现自己。

害羞的儿童通常和那些外向的儿童知道同样的社会技能，但他们难以使用这些技能。他们可能不愿意和成人说话，害怕陌生人，在新环境中感觉不舒服。最重要的，他们不喜欢吸引别人的注意，不愿去占据中心位置凸显自己。面对这种情况，教师应多和儿童交流，让儿童产生亲近感；在游戏时，有意识地多让儿童和善于社交的儿童玩耍、游戏，让儿童学习交往经验，逐步改善儿童胆小、怕事的不良情绪。

（五）被动型

这类儿童很愿意参加其他小朋友的活动，但由于缺少交往的技巧和经验，心里胆怯，不会主动参与，只是等待被邀请，这样容易在交往中受挫。

案例分析

在游戏活动中，壮壮很想和别的小朋友一起玩耍，可是从来不敢主动去邀请别人，他常常一个人默默地站在角落里，眼巴巴地看着其他孩子开心地游戏，既羡慕又期待，希望哪个热心的孩子能够发现他，并主动邀请他参加游戏。

案例分析：案例中的壮壮在等待和期盼其他小朋友邀请他，如果其他小朋友忽视了他的存在，那么他会越来越胆怯。其实大多数幼儿的内心都渴望与他人交往，希望被他人所喜欢。老师要鼓励孩子积极参与活动，在活动中，有意识、有目的地观察，发现孩子参与活动时，及时给予表扬，树立孩子的自信心，帮助孩子克服胆怯心理。和家长沟通，共同教导孩子学会一定的交往技巧等。

（六）能力缺乏型

这类儿童的交往意识较强，行为也很主动，但理解能力较弱，冲动控制力较差，因此交往时常常被排斥或发生冲突。

案例分析

中班的小刚小朋友和同伴们在建构区一起搭建雁塔，看得出他非常喜欢这个游戏，努力地与大家配合。但他似乎很难从同伴那儿得到经验，又没有主见，所以搭了又垮垮了又搭，如此反复。最后，小刚变得很急躁粗暴，动手把其他两位小朋友搭建的也推倒了。同伴们见他如此做，也很生气，很快将他排除出局。

案例分析：小刚很喜欢和小朋友一起在建构区进行搭建游戏，并能主动参与活动，配合大家一起搭建，但是由于他的搭建能力有限，在搭建过程中总是倒塌，还非常粗暴地推翻了其他小朋友的作品，所以和他共同游戏的小朋友将他排除，不再让他参与搭建活动。这时，如果老师观察到这种情况，就要及时介入，指出小刚的不当行为，并及时引导另外两位小朋友教给小刚搭建的方法，学会合作。这样可以树立小刚的自信心，避免影响小刚今后参与活动的积极性。

（七）攻击暴躁型

这类儿童在幼儿期的社交情绪主要表现为情绪不稳定、脾气暴躁、常生气，稍有不如意就可能出现强烈的情绪反应。

有的儿童在交往中会出现暴躁攻击性情绪，是因为其语言表达能力发展不成熟或者不愿意用语言来表达感受，通常就会用攻击的方式来表达怒气和挫折感，或为了引起他人的关注。常表现为：哭、闹、扔东西、大声叫嚷；使用和破坏他人物品的攻击性行为，如抢走别人的东西，甚至侵犯他人财物；充满敌意的社会交往行为，如稍有不如意，就用语言攻击人，在交往过程中显露不满、藐视、不悦等情绪，或者经常向同伴发起身体攻击，如打人、踢人、咬人等，恐吓、欺负同龄儿童或比他小的儿童。

案例分析

杰恩是一个刚入园一个多月的小班男孩，爸爸在外地上班，妈妈上班也较紧张，一般是奶奶接送。奶奶送他到幼儿园时，他多数时候都会哭闹，不愿上幼儿园。在老师接过杰恩后，他一直在老师身旁，很少说话，不主动与其他小朋友交往，经常发脾气，稍不注意就非常愤怒。老师为了对杰恩进行正确的引导，在区域活动时孩子们情绪最为放松的情况下，对杰恩进行跟踪观察，了解杰恩与同伴的交往情况。

区域活动时，杰恩开始只围在老师身边观察老师制作的拼图，老师对他说："杰恩，你会把图形送回家吗？"杰恩拼好后，老师夸赞了杰恩，杰恩露出高兴的表情。老师又引导他和强强一起拼一个较为复杂的拼图，强强主动把手里的一部分拼图板递给了杰恩。强强拼得快，拼好后，他发现杰恩把上下面拼错了，于是对杰恩说："你拼反啦，我帮你吧。"杰恩低头没有理会，强强坚持帮杰恩纠正，杰恩马上不高兴，一边跺脚，一边大声哭喊着说："谁要你动的？你赔我……"随后杰恩重重地把手里的拼图砸向强强。

案例分析：杰恩在区域活动时，交往很被动，不仅不与小朋友主动交流，而且对同伴的帮助表现出不满，出现破坏性行为（摔拼图）及跺脚、哭喊等情绪行为；不理解强强的行为（帮助他），出现攻击性行为（用拼图砸强强）；遇到问题，不能较好地管理自己的情绪，反应过激，不会使用语言和同伴沟通。

教育策略

面对此类儿童教师需要通过家长了解儿童出现此类行为的根本原因，与家长沟通共同商议对策。

心理学家阿德勒认为，人活动的基本推动力是人生来就有的优势和对权利的追求。具有攻击性行为的儿童由于自身可能存在某种能力缺陷，一般无法从正常途径得到别人的赞扬与认可，这种追求优越所带来的挫败感，使他采取了攻击性行为来获取别人对自己的认可，得到暂时的心理平衡。教师可以教导儿童可以通过展示优势，获得别人的赞赏与认可，预防攻击性行为的发生。

三、观察意义

观察儿童的社交情绪行为，是了解儿童的基础，也是因材施教、对问题儿童实施正确引导的第一步。幼儿园教师工作的主要对象是学前儿童，这些儿童来自拥有不同文化背景的家庭，其社交行为表现出不同的特征。教师在日常工作中，要善于观察和记录儿童的行为，科学地解读与分析儿童的行为和行为变化，推测儿童行为背后的目的，运用科学的方法及时处理儿童个性化的需求。教师要科学、客观地评价儿童，促成儿童身心健康发展。

那么怎样才能根据儿童的社交情绪行为来正确判断其心理并实施正确的引导呢？

（一）了解儿童社交情绪的发展，引导儿童正确使用社交方法

1~2岁的儿童通常以自我为中心，爱看着其他儿童（通常是比他们年长的）玩耍，也爱和他们在一起。近2岁时会开始跟其他儿童有互动地做游戏，会模仿成人和较年长儿童的行为，但这个时期的他们占有欲强，会和其他儿童争玩具。他们会用动作（如用手指着）或说话来表达自己的需要，有时更会引领成人去注意他感兴趣的事物。

3岁的儿童仍是以自我为中心，但会期望得到别人的认同，有喜爱和熟悉的玩伴。他们开始懂得等候和轮流玩耍（如轮流荡秋千），也会与他人分享物品，但在不如意时也会发脾气和出现反叛行为。

4岁的儿童会和其他儿童一起活动、合作，能察觉别人的感受，也会尝试安抚玩伴，能较自觉遵守规则，学习社会规范。

5~6岁的儿童已能懂得控制和调节自己的情绪，遵守社群守则，例如：用说话表达自己的需要、会分享玩具、请求批准、归还所借物品等。也开始明白和询问别人的想法与感受，会尝试隐藏自己的想法和感受，会参与要轮流和遵守规则的小组游戏，很多时候都能与玩伴互相配合。有较固定的朋友圈子和喜爱的玩伴。

3~6岁是儿童情绪发展的较为迅速的阶段，也是最重要的发展阶段。儿童从此阶段开始尝试进行情绪管理，并积极和同伴交往，但社交能力和情绪控制能力发展不充分，容易产生淡漠、焦虑情绪及社交恐惧。因此，此阶段教师要更细微地观察儿童的情绪变化，鼓励儿童说出心里真正的想法，然后告诉儿童正确的情绪应对方法，这样儿童的应对策略才会更加有效。

（二）了解文化背景对儿童社交情绪的影响

社交情绪作为儿童早期发展的重要内容，是儿童将来形成健康人格和良好适应能力的基础。幼儿园的儿童来自不同的家庭，各个家庭的文化背景也不同，包括种族、语言、信仰、社会地位等等，后天的成长环境是影响儿童特质的重要因素。研究结果表明，影响儿童社交情绪发展的因素主要有两个方面：一是儿童自身特征，早产儿和部分头胎儿童的社交情绪发展水平较低，但未发现男童与女童在社交情绪发展方面存在差异；二是家庭特征因素，母亲在儿童社交情绪发展中扮演了重要的角色，家庭经济情况和监护人的养育行为对促进儿童社交情绪发展也有重要作用。幼儿教师要尝试对每个儿童的文化背景进行深入的了解，尊重、接纳每个儿童的文化背景，才能对儿童社交情绪行为进行正确判断，才不会以一元化的标准来看待儿童多元化的表现，在评价儿童时才会从多角度去考虑儿童的不同需求，并做出正确的评价。

（三）了解3~6岁儿童社交情绪行为特点

1. 易冲动

在社交中，3~6岁儿童的抑制力发展差，控制力弱，语言的调节能力发育不完善，因此当外界事物和情境刺激儿童时，他们的情绪就会爆发。因此，这个阶段的儿童情绪易波动，极不稳定，他们的脸就像春天的天气那样多变，说哭就哭，说笑就笑。

2. 易外露

这个时期的儿童控制力发展较差，他们的情绪变化会毫不隐藏地表现出来，而且擅长用身体语言来表达。如不高兴就哭，高兴、舒服就大笑或者手舞足蹈，愤怒就瞪眼跺脚，甚至躺在地上撒泼，有高兴的事就要向亲近的人诉说，或者拥抱、亲吻等。

3. 易受感染

儿童的情绪具有情境性，得到新玩具、妈妈离去、新朋友出现……都会使他们的情绪大起大落，随着情境的改变而改变。很多时候，儿童的情绪不是由自身因素引发的，而是由周围人的情绪波动而引起的。如刚入园的小班儿童：一个小朋友哭起来了，其他小朋友也莫名其妙地跟着哭起来；如果看到动画片里的小朋友唱歌跳舞，儿童也会不由自主地模仿。

随着年龄的增长，儿童的控制能力加强，以上社交情绪行为特征就会逐渐减少，情绪的控制力、稳定性会随之提高。

(四)培育儿童正向社交情绪的策略

1. 安抚儿童的焦虑心理

有的儿童性格内向、胆小，对家长的依赖性强，来到幼儿园这个陌生的环境会产生焦虑不安的情绪。3～4岁的儿童仍然喜欢身体接触。刚进入幼儿园的儿童，很愿意老师牵他的手，喜欢围在老师身边；喜欢熟悉的人，特别是老师，想要他们摸摸他、亲亲他，有时老师拍拍他的肩膀，他就会感到极大的满足。这是一个过渡阶段，儿童需要得到这样的鼓励和支持，所以老师要尽量利用各种机会摸摸、拍拍儿童，帮助儿童消除胆怯心理。老师要像妈妈一样安抚儿童，比如亲一亲、抱一抱、夸一夸等；和儿童说话时要蹲下，语气和蔼，让儿童对老师感到亲切，从而消除孩子不安的焦虑情绪；在儿童活动时，要多关注、多表扬、多鼓励，这样儿童会很快地融入班级集体生活。

2. 避免对儿童的惩罚

5岁以后的儿童，需要别人的关注，也有和他人交往的需求，所以在幼儿园中，如果小朋友们不和自己玩，对儿童来说是一种很严厉的惩罚，会给儿童造成很大的痛苦。同时，成人如果对儿童不理睬，儿童会觉得非常沮丧，很有挫败感，不利于儿童情绪健康发展。所以，教师不要使用这样的惩罚手段。比如区域活动时，丁丁小朋友很想加入建构区的活动，但是他又担心其他小朋友不接受他，于是他故意把小朋友搭建的城堡给破坏掉，引起别人的注意。如果观察老师能够及时对丁丁的行为进行分析并正确地引导，让丁丁知道加入活动的方法，那么丁丁今后就会逐步改变自己的不良行为，能够愉快地和小朋友合作。反之，如果观察教师没能对丁丁的社交行为做出正确判断，对丁丁进行了惩罚，并限制他进入建构区，这对儿童将是一种伤害。

3. 合理的生活制度

丰富的生活内容、健康的身体和良好行为习惯的形成，有助于儿童情绪的稳定。丰富的生活内容会让儿童产生兴趣，有探索欲望，感到快乐和满足。所以，教师要尽量让各项活动轻松、活泼和多样化，让儿童接触到更多的事物和情境。

4. 从家庭培育儿童正向情绪

正向情绪的培养必须从小开始。在家庭中，良好的情绪示范、和睦亲密的家庭关系，都会给儿童带来良好的情绪示范。成人要显示出积极热情、乐于助人、关心爱护儿童等良好的情绪；要公正地对待儿童，适当地满足儿童的需求，帮助儿童适应新环境。不能恐吓或威胁孩子，也不能溺爱或过分严厉地对待孩子，否则会使儿童形成不良的情绪和性格。儿童的社交技巧是通过观察与模仿获得的。儿童会模仿成人，学习他们的言行举止。因此，父母和幼儿教师必须注意自己的一言一行，让儿童耳濡目染建立正确行为。此外，游戏也是儿童学习与他人相处和社会规则的场景，教师应多制造一些机会，让儿童在真实的环境中与人沟通、相处。在日常生活中，教师可引导儿童学习一些社交技巧，例如：真心称赞他人的优点、不取笑别人、做错事情要道歉等。

儿童与同伴的交往是儿童社会性发展的重要方面。它对儿童心理发展起着成人无法替代的特殊作用，对儿童良好个性品质的形成、社会性和积极自我意识的发展，以及心理健康、学习能力的提高等都有着十分重要的影响。在日常生活中，儿童的社交情绪行为表现多种多样，观察和分析儿童的社交情绪行为，是了解儿童的重要途径，更是幼儿教师应该具备的专业能力。

思考与练习

不善于交往的芳芳

新学期开学，班级来了一个漂亮的小女孩叫芳芳。芳芳很内向，不爱说话，这是她给我的第一印象。可是随着这两个星期的观察，我发现芳芳不是不爱说话，只是不善于交往，不知道该怎样和小朋友沟通。例如，今早晨间活动时，我让晨晨陪她一起看书，想帮她找一个好朋友，可当晨晨把书递给她的时候，她却只是看了一眼便走向书架拿起了另一本书，没有理会晨晨，让晨晨很伤心。看到这种情况我本想去问问，但芳芳却拿着书走向玩玩具的小朋友，扬起书说："谁让我玩玩具，我就把书给他。"大家玩得正高兴，没人理会她，她就又安静地坐回了座位。

请分析以上案例中芳芳小朋友的社交行为。

第四节 习惯行为观察与分析的结果

一、基本含义

行为指个体的一言一行，一举一动，也指可观察到的所有举止表现。习惯是指在一定时间内逐渐养成的自主表现方式。

良好习惯行为的养成对人的一生至关重要。正所谓"习惯养得好，终身受其益；习惯养不好，终身受其累。"良好的习惯行为不是天生就有的，而是在长期的生活中逐渐形成的，它贯穿于儿童一日生活的各个方面。教师在教学过程中，应善于抓住日常生活的每一个细节，对儿童实施养成教育，培养儿童良好的习惯，为儿童的健康成长和个性发展打下坚实的基础。幼儿时期是人生的起步阶段，同时也是各种行为习惯的养成阶段。在这一时期，对儿童进行良好行为习惯的培养和熏陶，会对儿童一生的发展产生重要影响。儿童学者告诉我们，六岁以前是人格陶冶最重要的时期，凡人生需要的重要习惯倾向、态度多半可以在六岁以前培养成功，这个时期培养得好，以后只要顺其自然，儿童自然会成为社会的优秀分子。可见，从小养成良好的习惯行为对人的发展至关重要。著名的教育学家叶圣陶说过：什么是教育？简单一句话，就是养成良好的习惯。叶圣陶认为，教育的目的就是培养习惯。实际上习惯对儿童的生活、学习以至事业的成功都至关重要。幼儿时期是形成习惯的关键时期。儿童从小就要培养良好习惯，长大之后才能形成良好个性品质。

二、基本分类

儿童的习惯行为具体包括以下几个方面。

(一)道德行为

道德行为是指在道德意识支配下出现的较为稳定、持久的行为,它是确定道德观念和道德信念的基础。一个人有了道德习惯,社会觉悟和社会准则才能成为其精神财富。良好的道德行为表现为:文明礼貌的习惯,如尊重长辈,主动与长辈打招呼,与同伴友好相处,不争抢玩具,会使用“请”“谢谢”“对不起”“没关系”“再见”“您好”等礼貌用语;关心他人、关心集体的习惯;遵守纪律的习惯;遵守交通规则,注意个人安全的习惯;诚实守信的习惯;爱护公共财物的习惯;乐于助人的习惯;等等。但是,现在有些儿童的父母往往把注意力放在儿童的物质提供和智力潜能的开发方面,对思想道德行为的培养却很少甚至毫无要求,导致部分儿童形成不良道德行为。

案例分析

早晨,区域活动“娃娃家”里,萌萌正在给一个漂亮的芭比娃娃穿小裙子。灿灿也来到了她喜欢的“娃娃家”,不一会儿“娃娃家”里传来了哭声。只见灿灿正在抢夺萌萌的娃娃,边哭边喊:“这是我的!这是我的!”而萌萌也不相让,因为她是第一个来到“娃娃家”的,玩得正有趣呢。我急忙走过去,只见灿灿两手死死地抓住娃娃,有种得不到誓不罢休的感觉。我说:“芭比娃娃需要爸爸、妈妈一起照顾,她才会高兴,才觉得幸福。那你们来做芭比娃娃的爸爸妈妈,好吗?”于是萌萌把娃娃让给了灿灿,扮演爸爸的灿灿开始给娃娃做饭。

案例分析:灿灿是一个非常娇气的孩子,性格倔强,只要是自己玩过的或喜欢的玩具,如坐过的小椅子、看过的图书等,她就认为是自己的,不允许其他的小朋友用,稍不如意就大声哭闹。这种以自我为中心、不懂分享的行为,是家庭教育方法不当造成的。老师要及时和家长沟通,改变教育方法。老师也要根据观察到的不同行为,采取不同的教育措施。在本案例中,老师运用了及时介入问题现场的方式,制止了她们的争抢。老师还可以通过讲故事、看动画片和组织讨论等,让灿灿及其他小朋友懂得分享、尊重和接纳,这样才能促进灿灿与同伴友好相处。

(二)生活行为

儿童良好的生活行为是指儿童在教师或家长等科学引导的基础上，经过多次练习所形成的、符合儿童身心发育特点的良好的生活常规及初步的生活自理能力。良好的生活行为包括良好的卫生习惯、饮食习惯、睡眠习惯等与个人生活有关的习惯行为等。

饮食习惯包括：

(1)正确地使用餐具，独立进餐。

(2)进餐时不大声讲话，不东张西望，专心进餐。

(3)养成不挑食、不偏食、不剩饭的好习惯。

(4)按要求定时按量喝水，根据自己的需求随渴随喝。

睡眠习惯包括：

(1)睡前大小便，独立安静地入睡。

(2)掌握正确的睡眠姿势(右侧卧睡或仰睡)。

(3)养成早睡早起的作息习惯。

自理能力包括：

(1)养成饭前便后洗手的习惯。

(2)玩具、图书不乱扔乱放，会自己整理玩具。

(3)学会有序地穿脱衣服；不穿反鞋，会系鞋带。

(4)喜欢参加一些力所能及的劳动。

与个人生活有关的不良习惯行为包括：

(1)做事磨叽，不遵守时间。

(2)吮吸手指、咬指甲、抠鼻孔等。

案例分析

李浩是从其他幼儿园转入我们班的一个男孩子，现在已经四岁半了，性格有些内向，不爱说话，喜欢吮吸手指。我观察到他不管是玩游戏、睡觉，还是听老师讲故事、写字时，小手只要闲着，经常无意识地把左手食指和中指(有时候也把右手的拇指或其他手指)放入嘴里吮吸，吸得手指都脱皮了，肿肿的，我看得非常心疼。通过和他的妈妈谈话了解到，他从小就有吮吸手指的习惯，不过现在吮吸得更厉害了。为此他的妈妈还在他的手指上包上纱布或贴上创可贴，但都无济于事，老师说了也不管用，老师和家长心里很是焦急。

案例分析：两三岁的幼儿吮吸手指的现象很常见，但大班的幼儿吮吸手指的行为并不多见。对于李浩小朋友来说，吮吸手指已经成为其无法克服的一种不良习惯行为。教师通过家访了解到，李浩的爸爸在外地工作，姥爷、姥姥都在农村，孩子从小只有妈妈一人照顾。妈妈白天要上班，回家还要收拾家务，因此常常让孩子自己玩，有时候为了安抚孩子，把奶瓶上的奶嘴给孩子吮吸，慢慢地，孩子养成了吮吸手指的习惯，妈妈却也没过多关注，直到现在李浩吮吸手指已经成为一种很难纠正的不良习惯行为。

针对孩子吮吸手指的不良习惯行为，可以采取以下纠正措施。

（1）与家长合作，制订家园同步的纠正方法。教师应建议家长多与儿童互动，如尽量多和孩子相处，多做亲子游戏、亲子手工等；多带儿童和其他的小朋友一起玩，让儿童学会交流和游戏，减少儿童独处或无事可做的机会；关注儿童吮吸手指时，是否存在心理上的需求，尽量使儿童有足够的安全感和满足感。要避免给儿童过大的压力，以免造成儿童心情紧张。在儿童吮吸手指时，教师和家长不要指责和打骂他，因为这样可能使儿童的情感需求更加浓烈，更容易背着教师和家长频繁地吮吸手指。

（2）在幼儿园，教师要多关注儿童在什么时间、什么情况下会吮吸手指，对儿童吮吸手指的习惯行为采取适宜的制止方法。如自由活动时间，教师有目的地安排活泼好动的小朋友带李浩一起活动；在区域活动结束时，教师安排他收拾玩具；教师讲故事时，如果李浩边听边吮吸手指，教师就多关注多提问；在书写时，如果李浩会把闲下来的左手手指放进嘴里吮吸，教师需有意识地多待在他身边，小声提醒，帮助他减少吮吸手指的行为；等等。

（3）教师多和儿童交流，产生亲近感，和儿童商议制订纠正吮吸手指的方法。比如在书写时段，如果有5分钟没有吮吸手指，就能得到一个黄色的小星星，如果有10分钟没有吮吸手指，就会得到一个更大的红色星星。其间要多表扬儿童，多鼓励儿童，告诉他做得很棒。如果无法坚持规定的时间，可做适当调整，以便让儿童能够体验成功的快乐。观察儿童的变化，随时调整，逐步改善。由一天的某时段逐步过渡到一天中所有的时间，观察到儿童不再吮吸手指，要及时表扬，如拍一拍、拥抱或亲亲儿童的小脸等。通过这种方式进行强化，让儿童知道老师看到他不再吮吸手指，会表扬并欣赏他做出的努力。

通常儿童的不良习惯行为都有一定的形成原因，如果要纠正其已形成的习惯行为，进展可能很缓慢。但教师要有爱心和耐心，施以正确的引导，给予儿童一些时间逐步改掉不良习惯行为。

（三）活动行为

活动行为是指在活动过程中由于多次重复和练习而巩固下来并变成内心需要的活动行为方式，它包括独立思考、积极参与活动等。

幼儿园的儿童多数能够积极参与活动。如自主地选择区域活动，并和同伴一起活动；上课时能积极回答老师的提问，课后能自觉地整理自己的东西等。但有的儿童上课时容易发呆走神，小动作比较多，总是摆弄一些文具；在家做作业比较慢、拖拉，不能专心做功课，边做边玩等。教师对儿童的不良活动习惯行为要及时进行观察和指导。如让儿童坚持每天做运动，保证足够的运动量；运动时不激进，循序渐进；运动前做好准备工作；积极参加体育比赛；不断尝试新项目，增强儿童对运动的兴趣，养成良好的运动习惯。

案例分析

区域活动时间到了，老师告诉大家今天可以玩哪些活动。孩子们各自选择了进区卡进入了感兴趣的活动区。乐乐拿着卡进了建构区，看好多小朋友在，他又走出来到了绘画区，用笔在纸上画了一辆看似是小汽车的图，当他上色时，不小心把调色盘弄翻了，水彩颜料洒在了桌子上，等老师拿抹布清理时，乐乐又到了图书区，不知道在找什么。为了帮助他集中注意力，老师拉住他说："乐乐，和老师一起看图画书吧。"乐乐不情愿地坐在了老师身旁，可他的眼睛又望向了其他地方。

案例分析：从案例可以看出，乐乐注意力持续时间比较短，对每一项活动的关注时间都不是很长。如果乐乐每次活动都是这种表现，就要及时和家长联系，详细了解乐乐在家里的情况，如果他在家也是多动，注意力不集中，建议家长带孩子到医院检查是否患有多动症。老师也要多方面观察和分析，看乐乐对什么感兴趣，注意力持续时间等，有计划、有目的地实施教育策略，使其逐步增加注意力的持续时间，最终能和其他孩子共同活动。

(四)劳动行为

劳动行为是指儿童在日常生活中所表现出来的热爱劳动,并掌握一定劳动技能的习惯行为。如在幼儿园主动擦桌椅、扫地、摆凳子、倒垃圾、收拾玩具等;在家里能帮助家人擦地、分餐具、洗碗、浇花、洗衣服、叠被子等。无论在幼儿园还是在家,教师和家长都要给儿童提供参与劳动的机会,让儿童逐步形成爱劳动的行为习惯。如果所有事情被成人包办或代替,长此以往,儿童会失去责任感,认为扫地、洗碗等事情与自己无关,就应该成人去做,参与劳动的积极性就会降低。

案例分析

贝贝是班里一个比较聪明的孩子,但是给所有老师的感觉就是"懒"。建构区的活动结束了,和他一起玩的小朋友都在积极地收拾积木,而贝贝扔下积木就坐在小椅子上一动也不动。小朋友轮流做值日生,大家会积极地参与,可是贝贝从来不参加。老师为了带动他,给做值日生的小朋友发小红花作为奖励,但对他不起作用。

贝贝的不良行为习惯不是一两天形成的。通过家访我们了解到,外公外婆从贝贝小时候起就和他生活在一起。两位老人对外孙宠爱有加,每天吃饭都由外婆喂。外公外婆的另一个任务就是清理贝贝每次玩后的场地,贝贝从来都不会自己整理玩具。就这样,本该孩子去做的事情被大人一手包办,使孩子逐步养成了不爱劳动的习惯。

案例分析:为改掉贝贝不爱劳动的行为习惯,首先需要做好家园共育工作,统一孩子的教育方式,为孩子创造良好的家庭环境和表现自我的机会。在幼儿园,老师要淡化说教,把握时机,积极引导,让孩子知道自己的事情自己做,懂得劳动能给人带来快乐,从而提高孩子参与劳动的兴趣,积极和大家一起劳动。

三、观察意义

世界著名教育家蒙台梭利指出:儿童良好的习惯行为的最佳养成期在2.5~6岁。对于2.5~6岁的儿童来讲,良好习惯行为的培养,比知识和技能的获得更为重要。因为儿童的习惯行为一旦形成就很难改变,会影响他一生的发展;而知识和技能可以随时随地学习和更新。错过行为习惯的最佳养成期,就像我们织毛衣时丢掉了一针，即便是发现了，日后再补也总有补过的痕迹，如果没有发现，丢掉的这一针将来可能会成为一个大洞。毛衣丢掉一针可以拆掉重织，而儿童的成长却不能再来。因此，在幼儿期细致地观察每个儿童的习惯行为，对不良习惯行为及时进行纠正，有目的、有计划地培养孩子良好的习惯行为，是幼儿教育最为重要的一个环节，也为儿童将来人生发展打下坚实的基础。

（一）提高教师观察与分析儿童习惯行为的能力

儿童习惯行为的观察与分析是走进儿童内心世界、了解儿童的基本方法，促使教师真正地关注儿童的发展，不断提升自己的专业素养。

通过对儿童习惯行为的观察与分析，才能从儿童的立场思考问题，才能公正、客观地了解每一个儿童，欣赏每一个具有不同个性和能力的儿童，才能施以适宜的教育，有效地促进每一个儿童的发展。而教师也会在这个过程中积累经验，不断促进专业成长。

（二）有利于帮助儿童养成良好的习惯行为

幼儿园是儿童主要的社交场所，教师利用幼儿园环境潜移默化地对儿童进行良好习惯行为的培养，鼓励儿童积极与同伴交往。在日常生活中采用示范的方法，使儿童学会使用简单的礼貌用语与周围的人打招呼、学习如何借还他人物品、如何轮流等待、如何观看或参与他人的活动、如何与他人分享食物和玩具等，让儿童学会如何尊重自我、尊重他人，使儿童乐于与他人交流、交往、分享、合作。因此，从小培养孩子良好的习惯行为，可以健全幼儿的心智，完善他们的人格。

幼儿时期，良好的行为易于塑造，不良的行为易于纠正。幼儿教师必须耐心细致地观察和分析儿童的行为，以儿童外部习惯行为的养成促进儿童内部素质的发展，以保证儿童身心的健康，促进儿童富有个性地发展。对儿童的不良行为，要及时进行分析，并施以正确的引导，使其不良行为得以改正，为儿童形成良好的品格打好基础。

（三）有利于教师因材施教，指导儿童发展

良好行为习惯的培养贯穿于儿童日常生活的方方面面，因此儿童习惯行为的培养必须渗透到幼儿园的各项活动中去，最终帮助儿童逐步学习健康的生活方式，这对儿童健康成长乃至一生的发展都有着重要而深远的意义。

儿童在幼儿园的一日生活中，习惯行为表现多种多样，教师要根据观察与分析儿童习惯行为的结果，做出科学的评估，对一日生活的组织、教育活动的计划与实施、游戏活动支持与引导等做出适宜的调整，对儿童实施针对性教育，从而促进儿童良好习惯行为的发展。

（四）为家园共育提供帮助

《幼儿园教育指导纲要（试行）》在教育内容与要求中提出，幼儿园要“与家长配合，根据幼儿的需要建立科学的生活常规。培养幼儿良好的饮食、睡眠、盥洗、排泄等生活习惯和生活自理能力”。因此，幼儿园教师要和家长加强交流，对儿童在幼儿园和家的行为表现交换意见，形成合力，共同对儿童进行教育。并且要保证教师和家长对儿童要求的一致性。只有教师与家长教育儿童的指导思想一致，方式方法科学，才能产生更好的教育效果。

案例分析

不安分的壮壮

壮壮是中班比较活泼的一个孩子，在幼儿园什么事都很热心，积极参与幼儿园的各项活动，表现出很大兴趣。但是在热心参与的同时，他经常出其不意地抢夺自己喜欢但是其他小朋友正在玩耍的玩具，引起争斗和打闹。在活动中喜欢随便走动，注意力不集中；午饭的时候，会积极地帮助老师分发餐具，但是吃饭时喜欢讲话；午睡时很难入睡，不好好睡觉，还时常招惹身边的小朋友，如揪小朋友的耳朵、拉小女生的小辫子等。老师盯着时才不去招惹旁边的小朋友。

成因分析：

从壮壮的表现可以看出，这个孩子有部分良好的行为表现，如积极参与幼儿园的活动、帮助老师分发餐具等。同时，他也存在诸多不良行为，如从小朋友手中抢夺自己喜欢的玩具、活动时注意力不集中、午睡习惯不好等。对于良好的行为，我们应及时表扬强化培养；对不良行为则不能忽视，应引起关注，分析形成的原因，寻求纠正不良行为的方法。根据壮壮的个案观察结果，老师首先进行了家访，了解到壮壮的爸爸妈妈工作忙，壮壮基本上是由爷爷奶奶照顾。在家里吃饭，他就是一边玩，奶奶一边喂，很少乖乖地坐在餐桌前吃饭。家人对孩子很疼爱，但缺乏原则，孩子爱吃什么就吃什么，不爱吃什么就不吃什么。妈妈也反映孩子在家喜欢玩东西，不会分享，看到别的小朋友的玩具，自己喜欢也一定要拿，拿不到就大哭不止等。

指导措施：

（1）做好家园沟通，及时向家长反映孩子在幼儿园的情况，让家长正视自己孩子的优缺点，共同帮助孩子形成良好的行为。如和壮壮的家长交流，在实施教育的时候，更多地从社会性的方面理性地考察壮壮的行为。规范行为，奖惩有度。当孩子提出不合理的要求时，当机立断，冷对一切不合理要求，惩戒一切不合理行为。在睡觉、吃饭等方面，规范壮壮的行为，言传身教，潜移默化地影响壮壮。

（2）在幼儿园发现孩子有不良行为时，老师要及时进行引导和教育，如通过讲故事、游戏等，让孩子知道吃饭要安静，不大声喧哗，不挑食；睡觉时不说话、不玩弄东西，安静入睡；有好玩的东西要和小朋友一起玩，不抢不独自占有等。如果午睡时讲故事也不起作用，老师可以坐在他身边，轻轻拍一拍，使他安静下来，使其在安静的环境下逐步睡着。对孩子的进步及时强化，使不良行为得以改善。

（3）通过鼓励、表扬和榜样作用，帮助壮壮一点一点地改正不良行为。

思考与练习

挑食的圆圆

圆圆是一个非常可爱的孩子，来园时她没有像其他孩子一样哭闹不止，而且能在老师的陪伴下参与到各项活动中。就在我们都认为这个孩子能较快地适应园内生活时，她却哭闹起来，原因是她不愿意在幼儿园吃饭。看到餐桌上的饭菜她瞬间就大声哭闹起来："我不想吃饭。我要回家，我要妈妈。"为了安抚她的情绪，老师就坐在她的身旁喂她吃饭，没想孩子却哭闹得更厉害了。老师刚给她喂了一小口，她就全部吐出来了，说什么也不肯吃。原来，她只吃自己喜欢的青菜，不喜欢的肉类和青菜一口也不吃。为了能让她吃饭，几位老师一到吃饭的时间就想方设法地劝导她，甚至一口一口地喂她吃饭，但是成效甚微。

请分析圆圆小朋友的行为，提出你认为可行的教育措施。

考查要点

了解儿童肢体动作行为背后的含义，并能够运用各种适宜的教育手段和方法引导儿童学习正确的肢体行为，从而促进儿童良好的发展。

了解儿童语言行为背后的含义，并能够运用各种适宜的教育手段和方法引导儿童学习正确的表达方法，从而促进儿童语言表达能力的发展。

了解儿童的社交情绪行为，并能够运用各种教育手段和方法引导儿童学习社交方法，从而促进儿童良好的社交情绪发展。

了解儿童的各种习惯行为，并能够运用各种教育手段和方法对儿童不良习惯行为进行矫正，从而促进儿童良好习惯行为的发展。

思考与实训

思考：

1. 简述肢体行为的基本含义与类型以及儿童肢体行为观察与分析的意义。

2. 简述语言行为的基本含义与类型以及儿童语言行为观察与分析的意义。

3. 简述社交情绪行为的基本含义与类型以及儿童社交情绪行为观察与分析的意义。

4. 简述行为习惯的基本含义与类型以及儿童行为习惯观察与分析的意义。

实训：

“回家咯！”孩子们在校门口伸长脖子等着爸爸妈妈。只见南南看着我，欲言又止的样子，最终小声地拉着我说：“彭老师，我的玩具没拿下来。”于是我带着南南上楼。到了教室里，发现南南的玩具被他随手放在地上。橱柜里乱糟糟的，蜡笔也三三两两地散开着，水彩笔盖子没盖好，书包里的衣服也露在外面……“哎呀，你的小橱子怎么这么乱啊？”南南不好意思地低下头。

请分析南南的行为表现中的问题，并提出恰当的教育策略。

推荐阅读

[1]Eva Essa.幼儿问题行为的识别与应对(教师篇):第6版[M].王玲艳,张凤,刘昊,译.北京:中国轻工业出版社,2011.

[2]王银杰.儿童行为心理学[M].北京:当代世界出版社,2018.

[3]方向苹.别让孩子伤在童年:探寻孩子行为背后的心理[M].北京:中国纺织出版社,2016.

[4]贾容韬,贾毅.改变孩子先改变自己[M].北京:作家出版社,2013.

第6章

学前儿童行为观察与分析结果的运用

在日常的教学活动、生活活动中，教师经常运用观察记录的方式来了解儿童，并通过分析观察的结果来判断儿童的发展水平。那么，教师的分析是否科学、适宜？我们在分析观察结果的过程中应当注意什么，遵循怎样的原则？本章我们将对分析儿童行为时需遵循的原则以及学前儿童行为观察与分析结果的运用做一些探讨。

【学习目标】

1. 知识目标：知道学前儿童行为观察的原则与方法。

2. 技能目标：能在实际观察中遵循学前儿童行为观察的原则，做到具体问题具体分析；能灵活运用学前儿童行为观察的方法指导与矫正学前儿童的各类行为。

3. 情感目标：乐意观察学前儿童行为，能积极运用各种方法去矫正儿童的行为。

【学习重点】

1. 掌握学前儿童行为观察的原则与方法。

2. 能在实际的儿童行为观察中灵活运用原则与方法，做到学以致用。

【知识结构图】

- 学前儿童行为观察与分析结果的运用
  - 运用观察与分析结果的原则
    - 一般性原则
    - 特殊性原则
  - 指导与矫正儿童行为的方法
    - 榜样示范法
    - 积极强化法
    - 行为塑造法
    - 系统脱敏法
    - 代币制法
    - 行为消除法

第一节 运用观察与分析结果的原则

一、一般性原则

(一)尊重和理解儿童的原则

裴斯泰洛齐倡导爱的教育,他认为教师首先要爱和尊重学生。幼儿教师运用观察的方法来了解、分析儿童时,也应当注入爱的元素。儿童是独立的人,拥有完整的人格。教师应通过观察发现儿童身上的潜能和闪光点,以及可能存在的滞后点,而不是以高高在上的姿态去评判儿童,也不是以局外人的身份去窥探儿童的世界。同时,儿童还是一个有着丰富内涵、不断发展变化着的个体,其发展存在着阶段性。儿童发展的每个阶段存在着一些普遍的发展特征,也存在着不均衡性和个体差异性,儿童的某些方面可能在某个阶段发展得特别快,而在另外的阶段发展则减缓。教师应该以发展的眼光去观察和分析儿童,既要了解儿童的现有水平,更要关注其发展的速度、特点和倾向等。

教师除了在观察过程中要尊重、理解儿童,在分析观察结果时,也要充分理解儿童,一定要考虑儿童的想法,不能把成人的思维强加在儿童的身上。即便通过观察和分析了解到儿童发展确实存在滞后情况,教师也要相信教育的力量,相信儿童的可塑性和巨大的潜能。真正重视并理解观察,认真分析观察结果,是研究儿童、理解儿童的最佳途径,也是学前儿童教育实践中必须经历的工作环节,更是课程教学的生长点。科学观察和正确分析源于对儿童的理解与关注,而非醉心于自己的预设或假设的论证。

案例分析

快到中午吃饭的时间了，孩子们都在去洗手间的路上。这时，我发现丽丽不见了，于是四处寻找，最终在幼儿园后面的大型玩具上找到了丽丽。我焦急地说："你没有给老师说就跑出来，老师会很担心的。"并且一连说了好几次。但她完全不理我，继续玩她的大型玩具，我很生气地领她回了教室。吃饭的时候，我坐在丽丽的身边，发现她不吃蔬菜，把所有的蔬菜都扔在桌子上。"吃蔬菜身体好，能长高个子。"我制止了她，她便把蔬菜扔到地上。我们僵持了很久，最终她声嘶力竭的哭喊将我打败。为了不影响别的孩子就餐，也害怕丽丽噎着，我妥协了，她只吃了白米饭和许多鸡翅。午睡时，趁生活老师在水房洗毛巾，丽丽将自己所有的衣服全部脱掉，在休息室里到处跑。生活老师叫丽丽上床，她很不乐意地大声喊叫，把周围的小朋友全部吵醒了。下午起床后，生活老师帮丽丽穿好衣服，我在教室等待孩子们，只看见丽丽没有穿鞋，踮着脚悄悄地拿点心盆里的点心，我大声喝止："丽丽！"她又一次以大叫回应我。

案例分析：案例中的老师通过平时的观察，发现丽丽严重缺乏规则意识；又不爱说话，对老师也比较冷漠，常常一个人自己玩，几乎不会主动与人交往；口语表达能力发展比较迟缓，很难说一句清晰完整的句子，跟同龄儿童相比有较大的差距。这时候，老师不能直接下结论，认为孩子有自闭症，或者对孩子冷处理，不管不问，否则就违背了尊重与理解儿童的原则。老师应当充分尊重和理解孩子，分析出现这种状况可能存在的原因，并尝试通过家园合作等方法解决这一问题，不要擅自判断儿童有自闭症，给儿童贴上自闭症的标签。

（二）公平对待每一个儿童的原则

每个儿童都是有差异的，有的儿童发展快，有的儿童发展慢；有的儿童发展水平高，有的儿童发展水平较低。教师在观察儿童的时候，应当尽可能关注到每个儿童，用平等的眼光去看待和理解他们。我国最早的蒙养教育就强调要量资循序，即教师要了解学生，根据学生的不同特点与发展规律进行教育：孔子提出因材施教；王守仁主张顺应儿童天性，关注儿童兴趣，量力而行，因材施教，各成其材。这些教育思想强调尊重儿童本性，关注个体差异，根据儿童发展水平进行相应的教育。

《3—6岁儿童学习与发展指南》指出："要充分理解和尊重幼儿发展进程中的个别差异，支持和引导他们从原有水平向更高水平发展，按照自身的速度和方式到达《指南》所呈现的发展'阶梯'"。同时也特别强调，文件只是一个导向，一个参考，切记勿用一把尺子衡量所有的儿童。每个儿童都是独特的个体，教师应当给予这些孩子平等的关注。教师的关注会产生意想不到的作用，而其无意的忽视和冷漠会产生意想不到的伤害。但在实际教学过程中，教师难免会对个别反应积极、讨人喜欢的儿童予以更多的关注，在观察时也会更加细致全面，而对某些表现平平的儿童则观察较少，记录时也一带而过，在结果分析时更是千篇一律。

通常教师以正常行为发展标志作为参照判断儿童的行为是否异常。正常行为发展标志是个统计学概念，它是群体儿童的一个相对率。有调查结果显示：在6个半月龄的婴儿中只有50%的婴儿能够坐稳，到9个月龄时有95%的婴儿能坐稳。不过，对某一儿童而言，有时处在"标准外"的5%，但不一定是发育异常，可能是遗传等原因所致。观察的公平性还体现在教师应当避免在观察和解释行为时可能存在的偏见。教师对某儿童的关注比较多，因为他是一个爱表现、爱说话的孩子，能经常引起教师的注意，教帅觉得已经很了解他了，故对其采取先入为主的态度，觉得他爱动、爱表现，而忽略他在听、读、写等方面的实际发展情况。再如教师对A的记录：A很少去益智区，他不喜欢益智区，是因为他动脑、动手能力比较差。这里的"不喜欢"便是教师的主观感觉，"动脑、动手能力比较差"也是教师带着偏见的主观猜测。那么，A不去益智区是为什么呢？其实A不去益智区是因为益智区的材料对他来说太容易了，而且大多材料家里都有，所以他很少选择去益智区。教师应该秉持客观、公正的态度观察和分析儿童，实事求是地记录儿童的成长过程。

（三）发展适宜性原则

1. 着眼于儿童的行为过程

在幼儿园中，教师观察记录儿童的行为，并对结果进行分析，是一种重要的评价儿童发展的手段。有时幼儿园可能存在根据评价结果给儿童"贴标签"，区分“好孩子”“差孩子”的情况，将评价结果作为衡量教育效果和儿童发展水平的静态标准。还有不少幼儿教师使用一些儿童发展评价工具对儿童进行观察记录。评价工具本身带有明显的测量特点，会得到一个具体数值，教师会把这个量化的结果反馈给家长。但这个数据与幼儿园教育教学内容往往没有直接的联系，对教师改进教育教学也没有直接的帮助。

《幼儿园教育指导纲要（试行）》明确提出：“教育评价是幼儿园教育工作的重要组成部分，是了解教育的适宜性、有效性，调整和改进工作，促进每一个幼儿发展，提高教育质量的必要手段。”观察分析作为幼儿教师最主要的一种评价手段，终极目标并不是知道某个儿童发展的好坏或是发展的水平，也并非选择“智优”的儿童。评价的目的是让教师在了解儿童发展状况的基础上采取措施，有针对性地、高效能地促进儿童更好地发展，为教师创造更适合儿童发展的教育和制订更符合儿童发展特征和规律的教学计划提供依据。正如斯塔弗尔比姆说：“教育评价不应局限于评判决策者所确定的教育目标所达到预期效果的程度，而应该是收集有关教育方案实施全过程及其成果的资料，为决策提供信息的过程。”①国内冯晓霞教授指出：“评价的根本目的在于为发展服务，支持发展，促进发展。促进每个儿童发展的评价，其评价实质是为儿童改进学习提供信息，而非证明儿童发展层次或筛选评定等功能。”正如瑞吉欧幼儿园认为“观察记录”是指观察儿童学习过程的一种程序，通过观察记录可回忆、重温、再建、解释及再解读儿童的学习过程，并以此作为决策的依据。观察记录作为教师工作内容的一部分，真实地反映了每个儿童的学习过程，为教师开展有效的教学提供了重要依据。②

因此，观察应该连贯，记录时尽可能地记录活动的细节，并更多地结合场景；解释观察结果时应该更多地关注儿童的表现性行为、创造性行为，以及儿童的发展变化，而不要把某个在标准化场景的某个固定时间点的行为表现当成儿童的行为水平。

2. 着眼于儿童全面发展

学前教育的目的是促进儿童德、智、体、美等和谐全面发展。观察作为一种评价手段是为了更好地提高保教质量，实现教育目的。因此，教师在观察过程中应当以儿童的全面发展为目的，通过观察分析创设适宜每个儿童的教育。目前

① 胡惠闵，郭良菁．幼儿园教育评价[M]．上海：华东师范大学出版社，2009．

② 卡洛琳·爱德华兹，莱拉·甘第尼，乔治·福尔曼．儿童的一百种语言：转型时期的瑞吉欧·艾米利亚经验[M]．3版．尹坚勤，王坚红，沈尹婧，译．南京：南京师范大学出版社，2014．

不论是幼儿教师的儿童观察评价，还是家长对儿童的观察，都普遍着眼于知识技能方面的要求，而对儿童其他素质的发展不够重视。这种单一、片面的观察评价，往往不能客观、全面地评价儿童。教师不仅要关注儿童的知识技能的发展，更要对儿童在活动中的非智力因素的表现，如积极尝试、独立自信、主动探索的精神，大胆交往、勇于自我表达的能力，爱惜物品、关心他人的情感等有所评价。教师应更多地关注儿童各方面的发展，全面欣赏儿童，使儿童能较多地感受到成功与被肯定的喜悦，从而激发出更强烈的学习内驱力，这样儿童更容易走上发展的新台阶。

案例分析

集体活动时，老师拿出一张范画，介绍今天画“我的生日蛋糕”，并从整体布局到线条构图再到色彩渲染一一示范，画得很逼真。然后，孩子们跟着教师的示范开始作画，A儿童握笔的姿势、画画的坐姿不对，所以他老是画不圆。而B儿童画画的姿势正确，而且非常专注，很快就画了一个跟教师范画差不多的画，顺利完成了任务。B儿童的画画水平明显高于A儿童。

案例分析：教师在观察儿童的绘画时，关注的是儿童画得像不像，以及握笔的姿势是否正确，并用是否画得圆来评价两名儿童绘画水平的高低。教师不能只侧重于儿童是否掌握了绘画技能，而应更加重视儿童在绘画作品中表达的个人情感和体验，关注儿童的所思所想，分析、思考绘画作品反映了儿童什么样的情绪情感、生活经验与思维方式。

二、特殊性原则

（一）家园性原则

家庭是儿童的第一所学校，父母是儿童的第一任老师，家庭教育具有持久性、深远性，对儿童的发展有着不可替代的作用。家庭教育是一对一的形式，能提供给儿童更多的温暖和爱，满足儿童生理与心理的需要，让儿童获得足够的自尊、自信和信任感、安全感，有利于儿童形成良好的性格和行为习惯。幼儿园作为一个培养人的教育机构，有受过专门训练掌握科学育儿经验的教师，能给儿童提供更多的精神资源和发展环境，在师幼互动、同伴交往、儿童与环境对话的过程中，儿童会获得更多社会性的发展。因此，教师应该通过良好的家园合作、家园互动来共同促进儿童的发展，在观察儿童行为表现的时候，可以结合亲子活动；在分析观察结果时，参考家长的意见，分析儿童在家庭的行为表现。具体见表6-1。

表6-1　家长开放日儿童行为观察表

<table>
<tr><td>日期</td><td></td><td>班级</td><td></td><td>儿童姓名</td><td></td><td>家长姓名</td><td></td></tr>
<tr><td>项目</td><td colspan="5">具体活动内容及目的要求</td><td colspan="2">儿童情况反映</td></tr>
<tr><td rowspan="5">亲子活动</td><td>内容</td><td colspan="6">亲子种菜活动</td></tr>
<tr><td rowspan="4">要求</td><td colspan="4">1.能积极愉快地参与亲子活动</td><td colspan="2">1.能　2.引导下能　3.待加强</td></tr>
<tr><td colspan="4">2.能按照工作人员要求进行活动</td><td colspan="2">1.能　2.引导下能　3.待加强</td></tr>
<tr><td colspan="4">3.活动中能够和家长和谐一致</td><td colspan="2">1.能　2.引导下能　3.待加强</td></tr>
<tr><td colspan="4">4.活动结束后能够自己整理工具</td><td colspan="2">1.能　2.引导下能　3.待加强</td></tr>
<tr><td rowspan="5">集体活动</td><td rowspan="5">要求</td><td colspan="4">1.注意力集中，能积极回答老师的问题</td><td colspan="2">1.能　2.部分能　3.不能</td></tr>
<tr><td colspan="4">2.能按照老师的要求进行操作</td><td colspan="2">1.能　2.部分能　3.不能</td></tr>
<tr><td colspan="4">3.能主动参与活动，喜欢玩游戏</td><td colspan="2">1.非常感兴趣　2.一般感兴趣　3.不感兴趣</td></tr>
<tr><td colspan="4">4.能有秩序地参与游戏活动</td><td colspan="2">1.能　2.帮助下能　3.不能</td></tr>
<tr><td colspan="4">5.有初步的规则意识，游戏中能遵守基本的游戏规则</td><td colspan="2">1.规则意识较强　2.规则意识一般
3.规则意识待加强</td></tr>
<tr><td rowspan="6">生活环节</td><td colspan="5">1.能卷起袖子洗手</td><td colspan="2">1.能　2.提醒才能　3.待加强</td></tr>
<tr><td colspan="5">2.能用自己的一块手巾擦手</td><td colspan="2">1.能　2.提醒才能　3.待加强</td></tr>
<tr><td colspan="5">3.如厕时不争抢、不推挤</td><td colspan="2">1.能　2.提醒才能　3.待加强</td></tr>
<tr><td colspan="5">4.便后能自己动手整理衣裤，不会做的知道请老师帮助</td><td colspan="2">1.自己能独立整理或能在老师的帮助下共同整理好
2.自己动手整理，不整齐的再请老师帮助整理好
3.不动手</td></tr>
<tr><td colspan="5">5.喝水量足</td><td colspan="2">1.是　2.提醒才能，半天共喝一杯水
3.不喝水</td></tr>
<tr><td colspan="5">6.自觉喝水</td><td colspan="2">1.主动　2.提醒才能　3.不喝</td></tr>
</table>

（二）一致性原则

1. 不同观察方法结果的一致性

一致性原则指教师在观察分析儿童时应尽可能用多种方式，并综合运用各种不同方法分析观察结果，如运用量表得到一个准确的数值，对儿童的行为进行赋值，再进行量化的比较。也可以运用描述性的语言对儿童的行为进行质性的分析，使结果更加准确和科学，达到结果的一致性。

2. 不同观察人员结果的一致性

观察无处不在，而且观察者也会有所不同。幼儿教师、家长、专业人员都会对儿童的行为进行观察分析。幼儿教师会对儿童的在园表现进行观察，这是在一定的社会情境之中进行的观察；家长主要在家庭环境中对儿童进行观察，他们可以对儿童进行全方位的观察，但受观察者的知识结构、人格特质、价值观和教育观的影响，可能存在错误的判断给原本正常的儿童贴上异常标签的情况；而专业人员通常在相对标准的环境下对儿童进行观察，有专门的摄像、录音设备和记录表，过程更加严谨科学，如教师可通过对日常生活、教学活动、游戏活动的观察鉴别出75%的儿童行为问题，如有专业人员的指导，可鉴别出95%的儿童异常问题。但专业人员存在时，可能会出现儿童表现“失真”的尴尬。所以在分析解释的时候，应当结合不同观察人员的观察结果。

（三）目标性原则

凡事预则立，不预则废。一个明确的目标能让教师更有方向和动力。观察的过程不能完全任其自然发展而毫无控制，尤其是在比较正式的观察中，为了减少误差，增强结果的可靠性，观察者应当提前明确观察内容、目的、对象、地点、时间、方法、材料、设施设备等。

此外，对儿童行为进行观察的目的并不是评价儿童发展的好坏、水平的高低，更多的是为教学工作提供更多的参考素材，帮助教师更好地了解儿童，为儿童提供更加科学、适宜的材料和方法，改善教学实践过程。如在区域活动的组织实施过程中，教师发现约有60%的儿童活动常规不好，吵闹声很大；约有45%的儿童无法专注活动，存在频繁换区的现象。经过深入思考，教师发现原因一方面是区域设置不合理；另一方面是儿童对活动区材料的各种玩法尚未完全熟悉和掌握。教师可采取相应的措施进行调整。如此循环往复，观察评价工作与儿童的学习过程伴随始终，与教师指导的调整相统一，教师不断改善实践活动，提高教育活动的质量，从而达到通过评价促进儿童发展的目的。

（四）道德性原则

每个儿童都有自己独立的人格和价值，有自己的权利，有自己独特的思想和观点，是需要成人理解和尊重的个体，而不是用标准化工具进行测量的物体。

著名的小艾伯特实验，心理学家约翰·华生和罗莎莉·雷纳从一所医院挑选了9个月大的艾伯特进行实验。在实验开始之前，小艾伯特接受了一系列基础情感测试：他短暂地接触了白鼠、兔子、狗、猴子、有头发和无头发的面具、棉絮、焚烧的报纸等物品。实验开始前，小艾伯特对这些物品均不感到恐惧。实验正式开始：第一步，华生把实验室的白鼠放在靠近小艾伯特处，并允许他玩弄它。这时，他对白鼠并不恐惧，甚至会伸手触摸它。第二步，当小艾伯特触摸白鼠时，华生和雷纳在他身后用铁锤敲击铁棒，制造出刺耳的声音，小艾伯特听到巨大声响后大哭起来，表现出恐惧。该过程重复数次。第三步，把白鼠放在小艾伯特面前，且不发出声音刺激。小艾伯特此时对白鼠出现在身边感到非常痛苦，哭着转身背向白鼠，试图离开。显然，小艾伯特已经将白鼠与巨响建立了联系，并对此产生了恐惧和哭泣的情绪反应。而且，这种恐惧对其他相似的东西也有效。在实验的第17天后，当华生将一只兔子带到房间时，小艾伯特也变得不安。对于毛茸茸的狗，甚至带有棉花胡须的圣诞老人面具，他都表现出相同的反应。

华生通过实验观察婴儿的恐惧反应，即便得到了较为科学的实验结果，但严重违背了道德性原则。《儿童权利公约》规定儿童享有参与权、受保护权、生存权、发展权，成人应遵循儿童最大的利益原则来处理关涉儿童的事务，要求凡是涉及儿童的任何事情都应以儿童的权利为重。教师对儿童的观察是教育过程中涉及儿童利益的重要事件，观察的过程和结果会影响到他人对儿童的态度，以及成人为儿童所提供的发展的机会与资源等。因此，评价的目的、评价信息的收集和解释以及评价结果的应用等各个环节都应保护儿童的利益。

首先，观察分析儿童的目的要具有非功利性，是为了了解儿童有何需求以及儿童需求的满足情况，为儿童创造良好的教育环境，向儿童提供更加适宜的教育，进而促进儿童的发展，真正保障儿童的发展权和受教育权的实现。这是保障儿童权利实现以及评价儿童权利保护状况的前提。儿童是处于人生发展初期的弱小个体，缺乏足够的经验和能力，他们缺乏表达自己需求、主张自己权利的能力，其权利的保护和实现在很大程度上依赖于成人的观念与实践。成人必须自觉警醒并不断反思在评价过程中是否有从儿童的立场来审视并充分地尊重和保护儿童的权益，以儿童权益保护为指导思想来开展观察评价工作，明确观察评价的目的，系统了解儿童的需要，全面记录和分析他们在家庭和幼儿园以及更广泛的社区中到底发生了什么，而非筛选和选拔儿童，将儿童分出三六九等。

其次，评价信息的收集和解释以及评价结果的应用都要考虑儿童的隐私及其在学习和教育过程中的权益，以有利于儿童为原则来进行。例如，在收集信息时，需要考虑在什么情境下由谁来收集信息更有可能让儿童感到安全，并能获得有关儿童表现的真实、客观的信息。在解释信息时，应尽可能正面积极地看待儿童的行为表现。在应用评价结果时，应注意对儿童的基本信息保密，保护儿童的隐私。

幼儿教师在观察儿童时应当注意以下几点：①不管被观察者的年龄多大，他都有要求观察者停止观察他行为的权利。如果某个儿童不希望被观察，他提出这样的要求时，观察者必须尊重儿童的权利。②教师在进行研究时，绝对不可以在研究中对儿童造成伤害。③教师可能会在观察过程中发现儿童的某些缺点或不足，必须注意不要把观察记录和评价结果放在公开的地方，对待记录应该像医生对待病历一样。

思考与练习

在游戏开始前，老师提醒儿童游戏中的安全注意事项。老师帮助儿童一起搬运器械，特别是那些较重的器械，同时帮助儿童搭建场景。在看到有儿童独自搬运器械却搬不动时，语言引导让儿童合作搬运，听从老师的指挥。

儿童先是认真听老师的提醒事项，在教师宣布可以活动后，儿童三三两两地合作搬运自己想用到的器械，然后搭建场景。有些儿童不管自己搭建需要用到什么材料，就先搬各种材料。儿童在搭建好的场地上活动，如爬木梯、木架，钻圈，从一定高度跳下来，跳在垫子上。有些儿童胆子较小，爬得比较慢，后面的儿童跟得比较紧。在游戏中途，有儿童又拿出了担架，与另外几位儿童假装医护人员和伤患。

游戏中也有儿童产生冲突,如发生插队等行为,有些儿童会通过石头剪刀布解决,有些则会在争吵时被其他事物转移注意力。

老师在一旁关注儿童,对一些胆小的儿童,老师会及时给予他们语言鼓励,对那些不敢站起来走木梯的儿童,老师会扶着他们并鼓励他们胆子大一些。在看到儿童玩耍过程中跟得过紧的情况时,老师会及时出声制止,儿童就会有所改善。老师注意到儿童发生冲突时,会让他们自己解决,较少介入。老师敲铃铛表示活动结束,和儿童一起收拾器械,整理摆放,阻止儿童试图单独搬运过重过大的器械的行为,引导儿童进行合作搬运。

请对以上案例中儿童和老师的行为进行分析。

第二节 指导与矫正儿童行为的方法

“行为矫正一般是指依据学习原理处理行为问题，从而引起行为改变的一系列客观而系统的方法。”[1]本节主要探讨的是一些常用的指导和矫正儿童行为的方法。

一、榜样示范法

（一）概述

榜样示范法是运用正面或反面的榜样为儿童做正确的道德规范和行为准则示范，寓浅显的道理于榜样事件之中，引导儿童进行模仿，使儿童习得正确行为的方法。榜样示范法是人们经常使用的一种行为养成的方法，通过榜样的示范行为，儿童可以很自然地习得良好行为，并且减少不良行为发生的频率。儿童观察到榜样的示范行为会受到别人的肯定或鼓励，会自然而然地进行模仿学习，增加类似于示范行为的良好行为的次数；而当儿童观察到榜样因为不良行为而受到惩罚的时候，相应地，会减弱儿童不良行为发生的频率。在对儿童行为进行矫正的过程中，榜样的选择十分重要。一般情况下，榜样有以下几种选择。

（1）以教师等成人为榜样，让儿童模仿其言行。因此，教师等成人必须以身作则，一言一行都要为儿童树立正面榜样，这样才能收到好的教育效果。

① 昝飞.行为矫正技术[M].2版.北京：中国轻工业出版社，2012.

（2）以年龄稍大的儿童为榜样。可以选择幼儿园里表现比较突出的儿童作为其他年龄稍小一些的儿童的榜样，这类榜样一般很容易被儿童接受，学习效果也特别好。

（3）以同班儿童为榜样。在一个班级里，对表现突出的儿童适时地进行表扬，对其他儿童的榜样效果也是非常明显的，而且这种潜移默化的过程让儿童很自然就发生了转变。

榜样的选择是十分重要的，好的榜样可以事半功倍。选择榜样时需要注意几点：第一，榜样者与儿童有相似或相近的特征，能够吸引儿童进行模仿；第二，示范行为在儿童能力发展的最近发展区；第三，榜样者要亲切热情、平易近人，行为举止有教养。如果选择成人作为榜样的话，还可以运用名人效应。

（二）运用

榜样示范作用可以通过多种手段进行呈现，包括影像手段、榜样现场示范等，不同的呈现方式的示范效果是不同的。对学前儿童来说，榜样现场示范或是儿童现场参与都是非常不错的，也是在条件允许的情况下效果最好的方式。榜样示范一般包括行为示范过程和行为模仿过程两个阶段，在行为示范过程阶段，榜样者的行为示范需要根据儿童的学习能力进行调整，可以运用行为缓慢示范、分解示范、关键行为重点示范或重复示范、语言讲解等多种类型。行为模仿过程阶段非常强调儿童对行为的模仿，这一阶段中，教师或其他成人应注意观察儿童，及时给予儿童行为模仿的反馈意见，这样可以增强儿童自信心，及时强化行为效果。

案例分析

小班依依从新生入园时就表现得比其他儿童“老练”。比如：其他儿童还在入园适应期哭闹的时候，她就可以一个人在一旁做自己的事情。等所有儿童都过了新生适应期之后，我们开始抓常规，这时我发现依依的一些日常习惯与生活习惯相对来说不是很好。

在一次集体排队喝水的时候,配班教师在一旁引导儿童喝水的时候别拥挤,请大家排队拿杯子饮水,大家都在排队的时候突然有个小朋友大声喊道:“老师,依依插队!”又有另一名幼儿说:“老师,依依插队喝水,她挤到我和佳佳中间来了。”发现问题就要马上解决,但我并没有当着全班的面告诉依依这么做是不对的,因为她的自尊心特别强。我示意配班老师与保育员阿姨看好其他幼儿,我拉着依依到了午睡室。我蹲下来轻声地告诉依依:“依依,我们喝水的时候是要排队的哦,其他小朋友也等着喝水呢,是不可以插队的。”依依睁着两只大眼睛看着我不说话,也不点头。于是我继续告诉她:“如果想喝水的话是需要排队的,你这么棒的小朋友就更需要排队了。”这一次,我讲完就不说话了,看依依会有什么反应。没过多久,依依挣脱开我牵着她的手,右脚用力地在地板上一跺,很大声地说:“哼!我才不排队,我在家里就不排队的,我想喝水就喝水,我就是要第一个。”我很诧异,但是很快我收住了惊讶。我告诉依依:“依依,现在我们在幼儿园哦,幼儿园有许多小朋友,他们都很遵守我们的规则,是懂礼貌的孩子,你也是懂礼貌的孩子,对吗?”我极力想要依依懂得她是懂礼貌的孩子并且不会插队喝水。可是这一次,依依用力地把我一推,然后跑到了午睡室外面的活动室。

我真的很惊讶,我马上和配班老师商议解决问题的对策。在这期间我们和家长共同合作,但发现家园共育并不能解决这个问题。其间,许多小朋友告诉我:“老师,依依把玩具扔在地上。”“依依把晓晓的橡皮泥抢走了。”“老师,依依抢我的玩具。”我们几乎每天都能听到这些声音。同时我们也发现,依依是一个很要强的女孩子,她不容许老师或者其他儿童正面去否定她,否则她会很生气,甚至会动手打儿童或者老师。这让我和配班老师有了一个主意。

一天，我们给班级一些儿童换了座位，依依也在调动的范围之内，我们把她的位子调到了两名很有常规意识的儿童悦悦和希希中间。这两名儿童各方面的发展都很不错。从这一天起，在一日活动的某一两个环节中，我和配班老师都会适度地表扬悦悦和希希，并且对其他儿童也给予适度的肯定与鼓励。当然我们也会给依依一些赞扬。例如，就餐环节中我们会提醒儿童慢慢吃饭，就餐时不要讲话以防噎住。这时我们会肯定依依旁边的悦悦和希希："嗯！悦悦和希希真不错，她们在吃饭的时候不讲话，并且饭粒都没有掉落在桌子上，真不错，老师要为她们点赞！"这时，要强的依依也会接着我的话继续说下去："我也不会掉在桌子上，也会好好吃饭。""那好，如果你也做到了我们也表扬你，为你点赞。"依依以前吃饭不会听保育员或者老师的劝言，桌子上、地上、衣服上全部是饭粒，并且从来不会捡起自己掉下去的饭粒，吃完了拿起碗就"嘭"的一声扔到碗桶里面。今天的依依并没有像往常一样把碗"嘭"的一声扔进桶里，而是走过去微微蹲下身子把碗放进桶里，尽管碗与桶之间还是发出了不小的声音。进步虽然不大，但是我们丝毫不吝啬对依依的夸赞。小小的改变就是大大的进步。

在这之后，我们会在集体面前夸赞一些日常常规做得很好的儿童，并力争其他儿童可以向他们学习，以他们为榜样。小班第一学期很快就结束了，依依也因为身边的好榜样而改掉了一些不太好的日常习惯。一个学期下来，依依饮水也会排队了，甚至还会告诉个别想要插队的儿童不要插队；用餐放碗的时候也没有那么大声音了；与同伴玩耍的时候也会把自己的玩具让给别人玩了，并且会征得其他儿童同意再玩别人的玩具。

案例分析：通过依依的改变我们发现，儿童并不喜欢老师用说教的教育方式，而愿意接受老师的鼓励和表扬。在鼓励和表扬中，依依能够约束自己的行为，改变自己的行为，不断往更好的方面发展，也更自信、更能与其他儿童友好相处，可见，适时运用榜样帮助儿童矫正行为是十分有效的。

二、积极强化法

（一）概述

积极强化法又叫正强化法，是指行为在某种情境或刺激出现后可以马上得到一种奖励，而这种奖励可以满足儿童的需要，因而在以后的类似情境中，这种行为发生的频率会增加。这里的情境一般指儿童的心理状态、生理状态和周围环境等；奖励即正强化物，能够维持儿童行为的继续存在或是增加这种行为发生的频率。强化物分为：可吃型强化物、感觉型强化物、可触摸型强化物、活动型强化物、社会型强化物。可吃型强化物是根据儿童的饮食偏好进行选择的强化物；感觉型强化物是指刺激儿童触觉、听觉、视觉、运动觉等的强化物，如好闻的香味、轻柔的抚摸、好听的音乐等；可触摸型强化物主要以触摸操作为主，如积木、粘贴画、指偶等；活动型强化物主要是指通过活动过程获得强化的刺激物，如游戏、奔跑、看电视、去公园玩等；社会型强化物一般是指在社会交往过程中产生的刺激，如鼓励、表扬、拥抱、微笑、关注、赞赏等社会性刺激。不同的强化物对儿童行为的强化作用并不完全一样，教师或成人在运用正强化的过程中可根据儿童的实际情况选用不同的强化物。

（二）运用

运用积极强化法对儿童行为进行矫正的一般步骤：第一，明确需要矫正的行为及目的，有目的才能有针对性地进行矫正；第二，根据儿童发展的情况及矫正行为的需要选择合适的强化物，或是拟定一张强化物清单，要选择儿童偏好的有积极教育作用的强化物，并且根据不同的情况进行呈现，注意不能一次性呈现多个强化物，要循序渐进，这样才能有效发挥强化物的作用。

案例分析

这一天我走进教室，正好是配班老师在进行一节手工课，老师的操作示范已经结束了，孩子们正做着自己的手工。孩子们都很兴奋地剪着自己手中的手工纸。在孩子们开始剪纸前，配班老师提醒孩子们要把剪下来的纸屑扔在桌子中间的空盆里，再把掉落在地上的纸屑捡起来。老师在巡回指导时，会在部分忘记了的孩子耳边轻轻地提醒，大部分孩子都可以根据提示把纸屑捡起来。

可有两名孩子在老师的提醒下，捡起了桌子上的纸屑，但不捡掉落在地上的纸屑。二十分钟后，剪纸活动结束了，孩子们陆陆续续回到了自己的位子上，但还有两名孩子没有完成自己的手工作品，也正好是那两名没有把地上的纸屑捡起来的孩子。我走过去，告诉他们："自己掉落下去的纸屑就马上要捡起来哦。"说完我就走开了。走出教室前，我示意了配班老师一眼。我在教室外看到两名孩子正蹲在地上主动地把地上的纸屑捡起来，扔在空盆里。

这时候，配班老师很及时地对两名孩子的行为进行了赞赏："小小和佳佳的卫生习惯可真好，大家都看到了吧，小小和佳佳主动地把地上的纸屑扔到空盆里去了，这样的行为真赞，以后也要这样做哦。"

这只是手工课上的一个小插曲，在之后的手工课、美术课，无论是我还是配班老师的课，小小和佳佳总是很主动地做好自己的事情。不管是捡纸屑，还是看到地上有其他孩子不小心掉落的垃圾，他们捡起来的次数增加了。

案例分析：案例中的老师通过社会型强化物对孩子的行为进行矫正，增强了儿童的自尊心和荣誉感，在后面的活动中孩子能够主动地端正自己的行为。儿童能够积极地、有意识地去注意自己的行为并按照良好行为的要求去做，说明这里运用积极强化法的效果非常好。

三、行为塑造法

（一）概述

行为塑造法是指通过培养儿童一系列趋近目标行为的行为，再进行系统培养和强化，最终使儿童形成目标行为的过程。这个系列行为是目标行为最终形成的过渡性行为，与目标行为存在一致性特点。有的目标行为可以分解为多种系列行为，如为发展儿童的前书写能力，可以通过串珠子、用筷子吃饭、夹玻璃珠子、剪纸等活动锻炼儿童的手部小肌肉，再通过涂涂画画培养前书写能力。

在使用行为塑造法时，需要注意两个技巧：一是行为目标的逐渐趋近；二是对不断变化的行为进行区别强化。行为目标的逐渐趋近是指在行为塑造时，最初被强化的行为与塑造行为之间是有联系的，是为了塑造行为做的准备或是塑造行为的起始阶段。对不断变化的行为进行区别强化是指塑造行为的某种品质的正强化，而对不能增强塑造行为的品质不做区别强化的行为。

（二）运用

运用行为塑造法对儿童行为进行塑造的一般实施步骤：第一，确定行为塑造的最终目的。只有确定了行为塑造的最终目的，才能有指向性地实施行为塑造方法，也才可能判断最终行为是否达到了行为塑造的目的。第二，需要对行为塑造目的进行细化，这样才能循序渐进地塑造儿童的行为。因为行为塑造不是一蹴而就的，所分解的系列行为目标一定要有利于目标行为的达成，并且后一个行为目标必须比前一个行为目标更接近目标行为，每个小目标之间的差距最好能够适合儿童发展的情况，处于儿童发展的最近发展区，所有阶段性行为目标都是指向目标行为的达成。第三，在实施每个阶段的目标时，需要按照儿童行为发展的水平进行，不能过快，也不能过慢，在每一个阶段的发展中，应有达成阶段性目标的行为标准，用以验证儿童行为的发展情况。第四，选择适当的强化物，这需要根据儿童的实际情况设计符合儿童需要的强化物，这样才能达到强化的效果。第五，明确每个阶段目标的区别强化物并进行区别强化。儿童的行为塑造和养成是需要较长时间的，在此期间常常会出现行为反复的现象，这都是正常的，成人需要仔细地观察，深入地分析，找到影响儿童行为发展的因素，及时进行行为矫正，才能达成儿童行为塑造和养成的目的。

在运用行为塑造法时，常常出现误用的情况，如儿童通过大叫引起教师或父母的注意，通过哭泣要求教师或是父母满足自己的要求，等等。在这种情况下，如果教师和家长满足了儿童，儿童就会养成不良的行为，行为塑造法便被误用了。此外，教师和家长在运用行为塑造法时，如果不能按照儿童的行为发展情况及时调整行为塑造的进程也会影响儿童行为的塑造效果，如过快的行为塑造会使得儿童没有时间和机会巩固阶段性行为，而过慢的行为塑造会使得前期的阶段性行为消退，不能起到支持后一阶段性行为发展的目的。

案例分析

班级中的儿童均存在挑食的现象，但是七七小朋友最为严重。幼儿园每天的餐食中总有一个菜品是她不喜欢的，甚至有时候两个菜她都不喜欢。两个菜她都不喜欢的时候，她总是端着碗跑过来告诉老师："老师，我不要吃这两个菜，我要把它们倒掉！"不喜欢吃菜的情况有，但是不让菜出现在自己面前的情况实在是少见，任凭老师怎么劝说，孩子都不愿意把碗放回自己的位子上，更别说去尝试吃那个不喜欢的菜。因此每到就餐时间，老师都会劝导七七："七七，这个菜你不喜欢吃没关系，但是你要把这个菜放在你的座位上。"老师会被坚定地拒绝。七七就是不愿意让这个菜放在自己碗里。这时候，老师只好继续努力劝导："这个菜很好吃哦，你看很多小朋友都在吃，要不你试试看？"七七不给予任何回应，把不喜欢吃的那个菜往菜桶边上一放，回到位子上继续吃自己喜欢的那个菜。但是为了孩子的均衡健康发展，我们不得不采取一些措施。我和配班老师了解到孩子在家的一些问题：第一，边看电视边吃饭；第二，零食不离口；第三，父母包办喂食。

孩子挑食的很大根源在家庭。要想改变孩子挑食的习惯，需要幼儿园老师和家长合作。我们作为老师在幼儿园能做的是帮助孩子改掉挑食的坏习惯，力劝孩子努力去尝试一些不喜欢的菜肴。但是我们发现一个情况，老师如果和孩子们一起就餐，这一天孩子们的食量会很大，而以前会比较少一些。从一日活动中我们还了解到，七七小朋友非常喜欢幼儿园多彩的编织绳。因此，针对七七这一情况，我和配班老师有了下一个计划，并且请家长协助配合。我们利用编织绳作为强化物，为七七塑造良好的用餐习惯，改变挑食的行为。我们和七七也进行了商量，如果在就餐方面她有一点点的进步，那么就可以向老师换取一根编织绳。

第一周：幼儿园伙食不变，一起摆在七七面前。七七的反应很强烈，表示拒绝放在她的面前。这一周老师不采取任何措施，但是老师会给七七一条红色编织绳作为强化。

第二周：幼儿园伙食不变，一起摆在七七面前。老师会把七七不喜欢的某个菜品及时端走，七七的反应很错愕，老师会给七七一条橘色编织绳作为强化。（连着端走菜品一星期）

第三周：（前两天）幼儿园伙食不变，一起摆在七七面前。老师不再把她不喜欢的菜品端走，继续把菜品放在七七的面前，七七的反应没有第一周那么强烈了，当七七站起来想把不喜欢的菜端走的时候，老师适时地加以鼓励："七七，如果你可以把你不喜欢的菜放在你的面前，连着三天这么做的话，老师给你一条黄色的编织绳。"七七坐下了，但是她把她不喜欢的那个菜挪到了桌子的中间，离她很远。在之后的三天里，七七都是这么做的，但是已经不需要老师的提醒了。这一周很快过去了，老师如约地把黄色的编织绳给了七七作为强化。

第四周：幼儿园伙食不变，一起摆在七七面前。不喜欢的菜品依旧摆在七七的面前，但是七七已经不会把菜端过来给倒掉了。这周的第一天，老师告诉七七："七七，可以不把你的菜挪得那么远吗？每个人都有自己的小碗呢，你不喜欢吃的话不要去碰它可以吗？或者你不要去看它好吗？"七七看着我不说话，但是我知道她已经把我说的话听进去了，我继续说："老师也有不喜欢吃的菜，但是我会把它放在我的边上，等我吃完所有的饭菜我再去把它倒掉。"这一次七七点了点头，菜品不再被挪开。这一周很快就过去了，但是这一周，我没有把编织绳给七七。

第五周：七七一来幼儿园，就问："老师，你是不是忘记给我编织绳了呢？"我回答道："没有啊，我是想考考你呢，如果你这周可以和上周一样，那么老师给你一条你最喜欢的颜色的编织绳。"七七很快就答应了，于是这一周和上一周一样，七七完成得很好。这一周结束之后，我给了她最喜欢的绿色编织绳作为强化。

第六周：幼儿园伙食不变，一起摆在七七面前。不喜欢吃的菜也和上周一样摆着。第一天我试着和七七说："七七，你要不要用筷子去碰一下，但是你不用吃，可以吗？"这是个大胆的试探，我很怕前面几周的努力功亏一篑，可令人惊讶的是七七同意了，用筷子去碰了一下，甚至她把筷子放在唇边舔了舔，然后就继续吃饭，再也不碰那个菜品了。第二天她没有去碰，第三天到这周结束，她都用筷子去碰一下然后去尝试舔一舔。这一周，我给了她一条蓝色的编织绳作为强化。

第七周：幼儿园伙食不变，一起摆在七七面前。我来到七七的边上，蹲下身子，用她的筷子夹了一块她不能接受的菜，我问她："七七，可以尝一下吗？"她拿走自己的筷子并且告诉我说不可以，我放弃了。第二天，我依旧蹲下身子："七七，可以夹一筷子尝一下吗？"她点了点头，我把菜夹给了她，她尝了尝并且吃了下去，我不再要求她吃第二块。这一周很快过去了，我给了她一条青色的编织绳作为强化。

第八周：幼儿园伙食不变，一起摆在七七面前。和上周一样，在我没有向七七提出要求的时候，七七的筷子已经自己夹过去了，并且夹了好几次，这一周结束的时候，我给了七七一条紫色的编织绳作为强化。

第九周至第十一周：幼儿园伙食不变，一起摆在七七面前。七七已经可以吃下所有的菜品，并且没有抗拒心理。（在这三周，我就给了七七一条白色的编织绳作为强化）

随着良好行为逐渐形成，编织绳强化逐渐减少。在家庭中，对于孩子不喜欢的食物，建议家长与孩子一起品尝。即使不喜欢吃，也要与孩子一起吃，并且表现出吃得很香、很满意的表情，给孩子提供积极仿效的机会。

案例分析：挑食是儿童常见的一种不良行为，指进食过程中对某些食物挑剔或仅吃几种自己喜欢或习惯的食物，很多儿童不吃蔬菜、水果，也有儿童不喜欢某种特定的颜色（如红色），或者不能接受某种性状的食物（如糊状），等等。案例中，老师运用了行为塑造法逐步矫正儿童的挑食行为，同时运用强化物进行辅助，合理分阶段达成行为目标，获得了很好的效果，纠正了儿童的挑食行为。

四、系统脱敏法

（一）概述

系统脱敏法是指当儿童身体处于充分放松的状态下，去渐渐接近所害怕或是焦虑的事物，或是渐渐增强此类事物的强度，以慢慢降低儿童的敏感性，从而减轻和消除儿童对此类刺激物的恐惧或焦虑情绪。系统脱敏法是依据经典条件反射和交互抑制的原理，对引发儿童恐惧或焦虑的事物在放松的情境中进行矫正，因为一个人在一个时间点神经活动只能是兴奋或是平静，不可能兴奋和平静共存，所以可通过习得性放松矫正习得性恐惧或焦虑。当在放松的情境中反复进行刺激，使之成为习得性行为时，矫正也达到了目的。

（二）运用

系统脱敏法是一种非常特殊的技术，它使用的前提条件是要求儿童完全放松，这一点在运用的过程中务必要做到。为了确保儿童的放松，需要采用多种放松疗法，先检测儿童放松的程度，再判断是否可进行系统脱敏法的行为矫正。

运用系统脱敏法的三个步骤：第一，肌肉放松训练。游戏、深呼吸、歌唱、沉思、瑜伽、催眠等方法都可以帮助儿童进行放松，安静、舒适的环境和愉悦的心情也可以帮助儿童进行放松。成人需要找到适合儿童的放松方法，这样才能更好地进行系统脱敏矫正。第二，焦虑或恐惧等级量表的制订。这是根据儿童感到焦虑或恐惧的刺激物排列成一个等级序列，一般由弱到强进行排列，最强的刺激事物在最后面。在制订这个量表的时候一般需要对儿童进行多种方法的研究，以保证所排列的等级量表是切实可行的。第三，对儿童实施系统脱敏法。对儿童实施系统脱敏法一般包括现实脱敏和想象脱敏两种操作形式，现实脱敏是依据等级量表由弱到强一步一步进行脱敏，而想象脱敏是儿童想象自己所害怕甚至恐惧的事物，再实施脱敏。两种脱敏形式各有优势，可根据儿童实际情况进行选择。这三个步骤中，前两个步骤尤其重要，是实施成功的前提条件。

雅各布森肌肉放松训练

案例分析

快4岁的小玉米聪明伶俐，惹人喜爱，但是她特别胆小。小玉米在幼儿园午睡的时候，经常从噩梦中醒过来大哭，有时候就算没有醒过来但是嘴巴里还是大喊着“不要不要”。某一天的下午，我们正在上一节有关动物的课，当出示到一张小狗的图片时，小玉米突然大叫起来：“啊！啊！不要啊！不要啊！”小玉米就大哭起来，我只好安慰小玉米，然后把小狗的图片删除了。

发生了这两个情况之后，我们与小玉米的家长进行沟通。在沟通的过程中我们了解到，前不久小玉米在院子里玩耍时，右小腿被邻家的小狗咬了一口。当时小玉米的妈妈非常着急，急忙带她到卫生院去打针包扎。打针时，听见旁边有人议论：被小狗咬了的人会得狂犬病，而且一旦发病是会死的。这些话被聪明的小玉米听到了，吓得她每晚做噩梦，就连午睡也常被噩梦惊醒。

从那以后，小玉米每天出门都要妈妈抱在怀里。在路上如果碰到小狗，小玉米马上就会吓得脸色煞白，全身哆嗦，哭闹着要回家，再也不肯去外面玩。最近几天，她已发展到只要一听到狗叫声，或听到别人提到狗字，甚至看到画上的狗就会惊恐不安。小玉米的妈妈也十分着急，希望能找到缓解的办法。

老师告诉小玉米的妈妈说：“小玉米现在的这些表现是患了儿童恐惧症。”一般来说儿童会有怕狗、怕猫、怕老鼠、怕黑暗、怕孤独等表现，是一种正常的心理和生理反应，这种恐惧心理程度较轻，持续时间较短。但像小玉米的这些表现，如只要提到狗字、听到狗叫声，甚至见了画上的狗都会表现出惊惶不安，反应剧烈，以致影响日常生活，这不是正常的心理表现，而是典型的儿童恐惧症。老师在网上查阅了一些相关的资料之后发现：研究认为，儿童的先天素质因素、不良的社会环境、家庭及学校不良的教育等，都可成为引发儿童恐惧症的原因，意外受到惊吓会促使症状出现。这一类患儿大多敏感、胆小，容易受外界影响。

于是我们和小玉米的爸爸妈妈共同商议了解决的办法。

第一，如果儿童已经出现恐惧症的表现，父母要了解发病的原因，也要及时向幼儿园老师反映，请老师多多关注幼儿，双方积极消除诱发的不良因素。同时，教育儿童正确对待困难，帮助他们克服困难。

第二，老师在一日活动中应鼓励小玉米多参加集体活动，丰富知识。还可利用游戏方法让儿童逐渐去接近他们所害怕的动物，以培养勇敢的精神。平时，老师和父母注意多培养儿童适应各种紧张情境和事件的反应能力，有意识地增强他们对突发事件的应变力。

第三，在父母愿意配合的情况下采用系统脱敏疗法进行矫治。首先对小玉米进行放松疗法，然后制订从弱刺激到强刺激的等级量表，最后实施量表。过程是这样的：第一次是在幼儿园，老师带领孩子一起做游戏，放松后，老师和孩子利用休息的时间一起模仿自己喜欢的动物，这一次小玉米有一点害怕，但在孩子们愉快的氛围中很快调整了过来。第二次矫正是在游戏后老师拿了一本大挂图，一起看可爱的动物的绘本故事，小玉米开始有害怕的反应，不过故事的内容帮助她克服了恐惧的情绪。第三次是在游戏后大家一起表演森林舞会的场景，这一次有孩子戴了小狗头饰，小玉米没有明显的恐惧情绪了。第四次是老师在游戏后带领孩子们一起做手偶游戏，小玉米已经可以去摸一摸小狗的手偶了。第五次是老师在游戏后给大家放映小狗的影片，小玉米已经不害怕了。第六次老师在游戏后带领孩子们去观察幼儿园里的小狗（专门找来的一只哈巴狗，放在笼子里，打过狂犬疫苗的），很多孩子去摸，小玉米远远地看着，后来在孩子们的帮助下她也去摸了摸，她已经不害怕了。经过系统的治疗步骤后，小玉米怕狗的异常行为得到矫正。

案例分析：心理学认为，人类的神经过敏不是先天的，而是后天学习获得的，是每个人在生活中经过模仿、暗示等学习而形成的。“过敏”既然可以由学习而得到，那么也可以经过再学习去消除、去摆脱。系统脱敏疗法的优点在于，让患儿在轻松状态下逐渐克服、纠正原有的异常行为，形成正常的行为。通过小玉米的案例，我们看到了系统脱敏法对儿童行为的矫正是很有效果的。

五、代币制法

（一）概述

代币制法是指运用代币对儿童行为进行强化的一套行为改变系统。这一系统一般由三部分组成：一张目标行为的详细清单；与目标行为有关的代币（代币指的是可以累积起来交换其他强化物的物体）；代币可以交换的支持性强化物清单，如喜欢的东西、某项活动或是其他奖励。代币制法最关键的是代币，它必须是儿童喜欢的，同时具有很好强化效果的物体。在幼儿园中，小红花、小贴纸等都可以成为代币。

（二）运用

代币制法的实施一般需要六个步骤：第一步，制订和详细定义各个目标行为。代币制法中的目标行为一般是可测量和观察的行为，是能够明确是否达到的行为，并且儿童具有达到这些目标行为的可能性，这样才能给代币制法的实施提供依据。第二步，选择儿童喜欢的代币，小红花、苹果贴纸等都可以，这个可以和儿童一起商量，但在实施时，只有教师或其他成人才能掌握代币，儿童不能掌握代币。第三步，确定代币可交换的强化物，这些必须是儿童喜欢的、需要的、乐于付出努力去获得的东西，没有吸引力的强化物会使代币制法失去效果，而且强化物的种类不能太少。第四步，拟定代币和强化物之间的兑换方式，一旦确定了兑换方式后需要把这一方式固定下来，如果在后来实施中出现了不合适的地方也需要儿童与教师等成人一起去修订，都认可之后再实施。第五步，在实施代币制法时，应有奖励和惩罚，对于如何扣除代币也应该有相应的措施并固定下来。第六步，实施代币制法并在固定时间进行代币兑换，按照兑换方式进行，不能随意改变兑换方式，也不能避免执行代币方式。如果儿童因为各种原因不能理解代币兑换方式和使用权益，教师等成人必须耐心讲解、示范，反复几次有利于儿童对代币制法的接受和主动建立运用代币制法的意识。

在实施代币制法时，教师等成人需要注意几个问题：一是避免儿童采取不正当的方式去获得代币，同时还需要教导儿童学习自我管理代币，不要去玩代币；二是当强化物不足时，教师等成人可以通过拍卖的方式来解决这一问题。

案例分析

为了有效地管理班级，这个学期我和孩子们一起制订了代币制法兑换的方法，并用比较形象的方式画在一张大纸上，这样方便孩子们观看和老师执行。

运用了代币制法后，我发现孩子们的行为有了很好的矫正。看书有好习惯的孩子得到了代币奖励，每天有良好喝水习惯的孩子得到了代币奖励，每天好好吃饭的孩子得到了代币奖励，玩完玩具把玩具收拾好的孩子得到了代币奖励，午睡乖的孩子得到了代币奖励，在活动中有突出表现的孩子得到了代币奖励，等等。同时，不好好和同伴交往的孩子被罚了代币，不好好吃饭的孩子被罚了代币，等等。每天我都会把得到代币的孩子叫到教室前，给其他孩子做榜样。一个星期后，我们一起统计孩子们的代币，专门在一个下午进行了代币兑换，很多孩子得到了一直希望得到的物品。我告诉孩子们可以与家长一起分享，下周我们继续赚代币，周五下午再进行兑换。孩子们兴致很高，有几个孩子得到的代币很少，不能兑换自己喜欢的物品，我鼓励他们下个星期一起加油。

就这样，经过两个月的代币制法班级管理，孩子们和老师都很熟悉代币制法了，班级的秩序得到了很好的维护，也不需要老师时时监督，随时提醒，孩子们自己就会对自己的行为进行调整。我常听到孩子们说："可不能这样做，会扣小红花的。"也会有孩子说："老师，我今天吃饭很乖的哦，我是不是可以得一朵小红花？"我就会很高兴地回答："是的，宝贝，你今天把饭都吃完了，而且速度不慢，做得很好，我马上给你一朵小红花。"

案例分析：使用代币制法进行班级管理是一种很好的方式，可以进行集体行为矫正，能够有效帮助老师管理班级。

六、行为消除法

（一）概述

行为消除法也称行为消退法，是指在一定的情境或刺激条件下，儿童行为产生了以前被强化的反应，但反应后的强化却没有得到相应的实现，当下一次再遇到类似的情境或是刺激条件时，这类行为发生的概率就会降低，多次后有可能完全消除这类行为。这种对以往强化过的行为不再进行强化的措施，撤除了原有强化的效果，达到了消除行为的目的。如聪明的老人的故事：一位老人在一个小乡村里休养，但附近住着一群十分顽皮的孩子，他们天天追逐打闹，喧哗的吵闹声使老人无法好好休息。屡禁不止的情况下，老人想出了一个办法。他把孩子们叫到一起，告诉他们每天早上在他住所外吵闹，谁的声音最大，谁得到的报酬就最多。果然，一连几天，他每次都根据孩子们吵闹的情况给予不同的奖励。当孩子们已经习惯于吵吵闹闹能获取奖励的时候，老人开始逐渐减少奖励。最后，无论孩子们怎么吵，老人一分钱也不给。结果，孩子们认为受到的待遇越来越不公正，认为不给钱谁还给你闹，就再也不到老人所住的房子附近大声吵闹了。老人终于得到了清净。

行为消除法包括四种情况的行为消除：由正强化维持的行为消除、由负强化维持的行为消除、由间歇性强化维持的行为消除、由自动化强化维持的行为消除。由正强化维持的行为消除只需要当行为发生时渐渐减弱强化或没有正强化物的存在，这类行为就将慢慢消除，如儿童喜欢大喊大叫以获得成人的关注，当儿童大喊大叫时成人不再关注他，儿童这种大喊大叫的行为就将渐渐减少。由负强化维持的行为消除一般需要成人坚持立场，不移除或逃避某一事物来达到行为消除的目的，如儿童不喜欢吃蔬菜，如果成人允许他不吃蔬菜，那么这种行为就会持续下去，反之，如果成人坚持要求儿童吃一点蔬菜，那么不吃蔬菜的行为将会被消除。由间歇性强化维持的行为消除是比较稳固的，实施行为消除需要更大的耐心和持续更长的时间，因为这类行为并不经常存在，也不是伴随刺激物或某种情境而产生的，所以在强化物时有时无的情境下进行消除是比较困难的。由自动化强化维持的行为消除是指行为强化来自儿童生理内部，这类行为消除需要撤除行为发生后给儿童带来的感觉刺激，如儿童喜欢咬手指，成人给儿童的手指涂上苦药水，当儿童再咬手指时不能得到原来咬手指带来的口齿愉悦的感觉，反而得到很不开心的感觉，这样他咬手指的行为将慢慢消除。

(二)运用

验证行为消除法的结果时必须注意的是:第一,行为的减少不一定就是行为消除了。儿童行为的减少可能存在多种原因,成人一定要仔细观察,考虑事物发展的前因后果,确定行为减少的真正影响因素。如果是在类似的情境或刺激条件下的行为减少则可判断为行为消除,否则不能确定为行为消除。第二,可能存在儿童忘记之前的行为的现象,如果在一定时间后儿童再次出现最初被强化的行为,则不能判断为行为消除。第三,如果成人采取了相应措施,提前制止了儿童行为发生的可能性,这种情况下出现的行为消除不能判断为行为消除。

案例分析

进入中班以后,我们发现晨晨小朋友就餐特别慢。就餐是11:10开始,晨晨总是要吃到12点,老师在旁经常提醒他动作快一点。晨晨还喜欢靠在桌子上,身子扭来扭去地吃饭,有时候还会一两颗地吃饭。晨晨对老师的提醒总是不予理睬,老师对这一问题很是头疼。针对这一问题,我们也与家长进行过沟通。家长表示,孩子在家吃饭也非常慢甚至是不愿意吃,也让爸爸妈妈很头疼,因为不管父母怎么说,晨晨就是不肯吃,说饭菜不好吃,不爱吃。

在与家长沟通之后,征得家长同意,我们打算用行为消除法来对孩子进餐慢和不愿意进餐的行为进行纠正。这一天,教室里照常进行就餐活动,班级中的孩子在半小时内都会把午饭吃完。这一天我告诉大家:“宝贝们,赶快吃饭哦,30分钟后保育员阿姨就要把所有的碗、盘子收起来,然后把餐车推走了。”当只剩下5分钟的时候我再一次提醒孩子们,而晨晨不以为然,因为在这之前老师也曾说过这样的话,他认为老师只是随便说说。但这一次真的在5分钟之后,阿姨收走了所有的碗和盘子。只有晨晨没有吃完,当然这一行为是在家长同意的情况下进行的。阿姨推走了餐车,晨晨大声地说:“老师,我还没有吃完。”“老师知道呀,可是你已经超过了时间,阿姨要去洗碗只能把碗收走了啊。”我回答道。在第一天,我只让晨晨吃了30分钟,晨晨依旧在位子上扭来扭去,没有吃完饭。这一天的下午,晨晨是饥饿的,因为他没有把午餐吃完,也没有得到教师以及保育员阿姨的关注。

第二天，我依旧这么告诉孩子们，如果没有吃完的话，阿姨又要把碗收走了。剩下的又只有晨晨了，吃饭的情形和第一天差不多，也依旧没有得到老师和阿姨的关注。

第三天，晨晨和前两天的情形有一些不一样了。吃饭的时候，他开始半勺半勺吃了，不再是一粒一粒吃，但是还是喜欢扭来扭去，靠在桌子上。不过快到阿姨收碗的时候，晨晨碗里面的饭已经没剩下多少了，但是我还是让阿姨收走了。

第四天，晨晨没有靠在桌子上，到阿姨收碗时晨晨碗里的饭没有多少了，但是晨晨主动说："老师，能不能再给我一分钟，我马上就吃完了。"我马上同意了。不出两分钟，孩子把碗里的饭吃完了，然后我让保育员阿姨把碗收起来。我适时地告诉晨晨："如果你明天吃饭再快一点就可以和我们一起去散步了，因为明天我们要去户外散步。"晨晨很开心："嗯！嗯！老师我也要去！"

第五天，晨晨比往常吃得快多了，也没有在位子上扭来扭去和靠在桌子上。最后晨晨在阿姨把碗收起来的前一刻把饭吃完了。这一天他很开心地和我们一起去户外散步。

又到了新的一周，一连几天，晨晨依旧和上周一样很乖地把饭吃完了，并没有在就餐活动中出现多余的动作。这次我们是和家长一起共同帮助晨晨改掉坏习惯。在家里，我们也让孩子的爸爸妈妈用这种办法让孩子可以更快地吃饭，改掉"吃懒饭"的习惯。因此，行为消除法在改善幼儿就餐不良习惯方面取得了很大的成效。

案例分析：晨晨吃饭慢这种由负强化维持的行为通过老师和家长的努力，消除了负强化引起的行为反应，达到了行为消除的目的。

思考与练习

搭积木

中班老师让儿童自由搭建积木，大家便自由去拿积木找空地方搭建。老师四处走动观看儿童的搭建活动。

一开始，大家都冲到放大型积木的木屋里拿积木，拿了一些积木后，开始自己找地方搭建。有的儿童两三个在一起搭，有的儿童独自进行。刚开始泡泡小朋友也是一个人在搭建，不过一会儿就有一个小伙伴加入了她，和她一起搭建。她们两人要用积木搭一个方形的“房子”。一会儿，大家都搭得初见成效了，都有了“房子”的形状。老师提议：能不能把分散在四处的“房子”连接起来？大家又开始忙碌起来，兴致更高了，都开始想办法把自己的“房子”和别人的连接起来。最终，大功告成，大家把自己搭建的小“房子”连成一片，成了一座“城堡”。

请结合儿童行为矫正方法分析上述案例中的老师是如何帮助儿童矫正行为的。

考查要点

理解运用观察与分析结果的原则，灵活运用儿童行为矫正的各种方法，掌握儿童各种行为矫正方法的实施过程。

思考与实训

思考：

1. 简述教师观察学前儿童的特殊性原则。

2. 请结合实例阐述教师分析观察结果一致性原则的内涵。

3. 掌握榜样示范法、积极强化法、行为塑造法、系统脱敏法、代币制法、行为消除法在儿童行为矫正中的运用，能够描述每种行为矫正方法的实施过程。

实训：

1. 去幼儿园实践基地收集教师的观察反思记录或学习故事等资料，并认真分析是否遵循了观察和分析结果的原则。为什么？

2. 选取两种儿童行为矫正方法对有不良行为的儿童实施，记录实施过程，并进行分析和反思。

推荐阅读

[1]胡惠闵，郭良菁．幼儿园教育评价[M]．上海：华东师范大学出版社，2009.

[2]卡洛琳·爱德华兹，莱拉·甘第尼，乔治·福尔曼．儿童的一百种语言：转型时期的瑞吉欧·艾米利亚经验[M].3版．尹坚勤，王坚红，沈尹婧，译．南京：南京师范大学出版社，2014.

[3]潘月娟．学前儿童观察与评价[M]．北京：北京师范大学出版社，2015.

[4]昝飞．行为矫正技术[M].2版．北京：中国轻工业出版社，2012.

真题解析与真题模拟

真题解析

一、单选题

1.（2017年上半年幼儿教师资格考试《保教知识与能力》）午餐时餐盘不小心掉到地上，看到这一幕的亮亮对老师说："盘子受伤了，它难过地哭了。"这说明亮亮的思维特点是（　　）。

A. 自我中心　　B. 泛灵论　　C. 不可逆　　D. 不守恒

【解析】B项。自我中心性指的是幼儿只能从自己的角度去解释和认识世界，很难从别人的观点去看待事物。主要表现为不可逆性、拟人性和经验性。其中，拟人性又称泛灵论，指幼儿往往把动物或一些物体当作人，他们把自己的经验和思想感情强加到小动物和玩具身上，题干体现的是泛灵论。

2.（2017年下半年幼儿教师资格考试《保教知识与能力》）小彤画了一个长了翅膀的妈妈，教师合理的应对方式是（　　）。

A. 让小彤重新画，以使其作品更符合实际

B. 画一个妈妈的形象，让小彤照着画

C. 询问小彤长翅膀的妈妈的原因，接纳他的想法

D. 对小彤的作品不予评价

【解析】C项。幼儿的想象往往容易脱离现实，针对这样的现象，教师要做的就是耐心询问幼儿的想法，而不是一定让幼儿按照妈妈本来的样子进行绘画，也不是忽略幼儿的作品不给予评价。

3.（2017年下半年幼儿教师资格考试《保教知识与能力》）当教师以"病人"身份进入小班"医院"，六位小医生同时上来询问病情，每个孩子都积极地为老师看

病，打针，忙得不亦乐乎。结果老师一共被打了六针，对小班幼儿这种游戏行为最恰当的理解是(　　)。

A.过于重视教师的身份

B.角色游戏呈现合作游戏的特点

C.在角色游戏的定位中出现混乱

D.角色游戏呈现平行游戏的特点

【解析】D项。材料中，一名幼儿当小医生，其他幼儿也当小医生，所有幼儿都在做同样的游戏，即给“病人”打针，这是平行游戏的表现。

4.(2017年下半年幼儿教师资格考试《综合素质》)最近徐老师将头发染成了红色。在一处区域活动中，“理发室”里的几个孩子边玩边说：“请给我染发，我要红颜色的，像徐老师一样的红色。”“我也要红颜色的!”徐老师“染头发”的行为(　　)。

A.恰当，反映幼儿教师合理的审美需求

B.恰当，促进幼儿审美能力的发展

C.不恰当，不符合区域活动的组织要求

D.不恰当，不符合幼儿教师的仪表规范

【解析】D项。幼儿教师的工作具有示范性，会影响孩子的成长。因此，教师要为儿童呈现良好的范例，例如良好的仪容仪表。因此，答案为D。

5.(2017年上半年幼儿教师资格证考试《综合素质》)兵兵动作比较迟缓，小朋友们都不喜欢跟他玩，因此兵兵变得越来越孤僻。对此，兵兵的老师应该(　　)。

A.尊重其他幼儿的交往选择

B.引导其他幼儿多与兵兵交往

C.责怪其他幼儿不应该冷落兵兵

D.责令家长加强对兵兵进行动作训练

【解析】B项。幼儿园老师应该促进所有幼儿的交往能力的发展，对其他小朋友的行为和兵兵的表现，教师应该引导其他小朋友和兵兵主动交往。因此，答案为B。

6.(2016年下半年幼儿教师资格考试《综合素质》)东东经常欺负别的同学，有一天他又让琪琪哭了。张老师很生气，对东东说：“如果你是我的儿子，我恨不得打死你。”张老师的行为(　　)。

A. 可以理解，因为有些孩子的行为确实令人生气

B. 可以理解，因为批评也是一种教育

C. 不恰当，应该先了解孩子问题发生的原因

D. 不恰当，因为东东毕竟不是他的儿子

【解析】C项。当孩子发生肢体冲突的时候，老师不能用惯性思维直接评判孩子的行为，不管是什么问题，作为教师都应该先了解问题发生的原因。

7.（2017年上半年幼儿教师资格证考试《保教知识与能力》）初入幼儿园的幼儿常常有哭闹、不安等不愉快的情绪，说明这些幼儿表现出了（　　）。

A. 回避型状态　　B. 抗拒性格

C. 分离焦虑　　D. 黏液质气质

【解析】C项。分离焦虑是孩子离开父母时出现的一种消极的情绪体验。最亲近的人从视线中消失了，孩子一下子就会不安起来，会用喊叫、哭闹的方式来表达自己的焦虑，呼唤亲人的出现，与题干表述相同。

8.（2012年上半年幼儿教师资格考试《保教知识与能力》）培养机智、敏锐和自信心，防止疑虑、孤独，这些教育措施主要是针对（　　）。

A. 胆汁质的儿童　　B. 多血质的儿童

C. 黏液质的儿童　　D. 抑郁质的儿童

【解析】D项。疑虑、孤独是抑郁质孩子的特点，培养机智、敏锐和自信心就是针对这类孩子的教育措施。

9.（2017年下半年幼儿教师资格考试《综合素质》）中二班要举行画展，孩子们纷纷带来了个人作品。赵老师当众挑选“好的作品”，并将“不好的作品”丢在了废纸篓里。赵老师的做法（　　）。

A. 不正确，伤害了部分孩子的自尊

B. 不正确，打击了全体孩子的积极性

C. 正确，能激励孩子们创造好的作品

D. 正确，能提升班级画展的整体水平

【解析】A项。材料中被教师选中画作的孩子十分开心，画作被丢到废纸篓里的孩子则十分沮丧。教师的行为伤害了后一部分孩子的自尊心，长此以往，会导致他们再也不愿意画画。

10.（2017年上半年幼儿教师资格考试《综合素质》）吃午饭时，孩子们吵吵嚷嚷，不能好好吃饭。李老师说：“咦，教室里怎么飞来这么多小蜜蜂，嗡嗡的，好吵

呀！快把它们请出去，别打扰我们吃饭。”孩子们听后开始安静地吃饭。李老师的语言具有（　　）。

A. 教学性　　B. 趣味性　　C. 鼓励性　　D. 示范性

【解析】B项。教师用小蜜蜂“嗡嗡”的声音，来形容孩子吵吵嚷嚷的行为，教师的语言行为体现了教师语言的趣味性。

11.（2017年上半年幼儿教师资格考试《综合素质》）夏老师教唱儿歌，可可总是唱错歌词，夏老师当着全班幼儿的面，严肃地对可可说：“你怎么这么笨？脑子进水了啊!”小朋友们哄堂大笑。夏老师的做法（　　）。

A. 阻碍幼儿探究学习　　B. 破坏幼儿同伴关系

C. 损害可可名誉　　D. 侮辱可可人格

【解析】D项。老师不能有体罚、变相体罚或者其他侮辱学生人格尊严的行为，题干中夏老师的话严重伤害了可可的人格尊严。

12.（2016年下半年幼儿教师资格考试《综合素质》）有家长对孩子说：“我们与别人交同样多的钱，分水果时不要拿小的。”针对这种现象，胡老师讲《孔融让梨》的故事，教育儿童。胡老师的做法（　　）。

A. 错误，违背了一致性原则　　B. 错误

C. 正确，遵循了公平性原则　　D. 正确，遵循了适时性原则

【解析】D项。教师在观察过程中应当以幼儿全面发展为目的，通过观察分析创设适宜每个幼儿的教育。

13.（2016年下半年幼儿教师资格考试《综合素质》）豆豆在幼儿园经常尿床，老师恰当的做法是（　　）。

A. 了解豆豆尿床的原因，和家长共同商量办法

B. 提醒其他小朋友，不要像豆豆一样

C. 适当批评豆豆，帮助她养成好习惯

D. 要求家长带豆豆去治疗，治好了再回幼儿园

【解析】A项。教师应该通过良好的家园合作、家园互动来共同促进幼儿的发展，可以在亲子互动过程中去观察幼儿的行为表现，在分析观察结果时，应当参考家长的意见，分析幼儿在家庭中的行为表现。

14.（2016年上半年幼儿教师资格考试《综合素质》）每次在与幼儿交流的过程中，吴老师都会全神贯注地看着幼儿，有时候她也点头、微笑、询问和鼓励，这反映了吴老师与幼儿相处所遵循的原则是（　　）。

A. 个体性原则　　　　　　　　B. 适时性原则

C. 公平原则　　　　　　　　　D. 尊重原则

【解析】D项。《幼儿园教师专业标准（试行）》中对尊重幼儿的内涵进行了阐述，要求教师按照尊重的原则与幼儿交流。

15.（2013年下半年幼儿教师资格考试《保教知识与能力》）为了解幼儿同伴交往的特点，研究者深入幼儿所在的班级，详细记录其交往过程中的语言和动作等。这一研究方法属于（　　）。

A. 访谈法　　B. 实验法　　C. 观察法　　D. 作品分析法

【解析】C项。实验法是指人们根据一定的科学研究目的，利用科学仪器设备，在人为控制或模拟的特定条件下，排除各种干扰，对研究对象进行观察的方法。观察法是有计划、有目的地观察研究对象在一定条件下言行的变化，并做出详尽记录，然后进行分析处理，从而判断他们心理活动特点的方法。作品分析法是研究者运用一定的心理学、教育学原理和有效经验，对研究对象专门活动的作品进行分析研究，从而了解研究对象心理活动的一种方法。访谈法是研究者根据研究目的，寻访被调查对象，通过谈话的方式了解被研究者对某个人、某件事情、某种行为或现象的看法和态度。题干中“了解幼儿同伴交往的特点”是观察的目的，“记录其交往过程中的语言和动作”使用的是观察法。

16.（2014年下半年幼儿教师资格考试《保教知识与能力》）评估幼儿发展的最佳方式是（　　）。

A. 平时观察　　B. 期末检测　　C. 问卷调查　　D. 家长访谈

【解析】A项。观察法是幼教工作者了解幼儿身心发展最方便、最主要、最常用、最有效的方法。要了解和评估幼儿的发展状况，应本着“实施教育，观察在前”的原则，观察的目的在于了解幼儿、正确地评估幼儿，促进幼儿身心全面和谐地发展。

二、简答题

1.（2017年上半年幼儿教师资格考试《保教知识与能力》）简述教师观察幼儿行为的意义。

【解析】观察是通过有目的、有计划地考察学前儿童在日常生活、游戏、学习和劳动中的表现，包括其语言、表情和行为，通过观察可以分析儿童心理发展的规律和特征。观察法是研究学前儿童心理活动的最基本方法，因为幼小儿童的心理活动有突出的外显性，通过观察其外部行为，可以了解他们的心理活动。同时，观察法是在自然状态下进行，可以比较真实地得到学前儿童心理活动的资料。在幼儿教育中，教师应尊重幼儿在发展水平、能力、经验、学习方式等方面的个体差异，因人施教。而了解幼儿的兴趣、发展水平需要教师细致、耐心地观察。善于发现幼儿感兴趣的事物、游戏和偶发事件中所隐含的教育价值，把握时机，积极引导。教师应成为幼儿学习活动的支持者、合作者、引导者。同时《幼儿园教育指导纲要（试行）》也指出平时观察所获得的具有典型意义的幼儿行为表现和所积累的各种作品等是评价的重要依据。因此，观察对教师了解幼儿、尊重幼儿、促进幼儿的发展起着重要作用。

2.（2015年上半年幼儿教师资格考试《保教知识与能力》）简述角色游戏活动中教师的观察要点及其目的。

【解析】角色游戏是幼儿期最典型、最有特色的一种游戏。教师对角色游戏的观察是多维的，从对不同龄班级角色游戏观察的维度来看，观察要点和目的表现为：

（1）小班观察要点：游戏内容是否重复操作、幼儿是否摆弄玩具、主题是否单一、情节是否简单。目的：注意规则意识的培养，让儿童在游戏中学会独立。

（2）中班观察要点：游戏主题是否稳定，幼儿有没有与别人交往的愿望，是否具备交往的技能，发生纠纷的情节和原因。目的：指导儿童学会并掌握交往技能和规范，促进儿童与同伴的交往，在游戏中解决简单的问题，引导幼儿分享游戏经验。

（3）大班观察要点：游戏主题能否主动反映生活经验和人际关系，幼儿能否合理地按照自己的意愿计划游戏，解决问题的能力是否提高。目的：促进儿童的独立性、创造性、社会性的发展。

三、材料分析题

1.（2017年上半年幼儿教师资格考试《保教知识与能力》）材料：莉莉和小娟玩游戏，她们想让5个娃娃睡觉，但是没有小床，于是她们找到盒子做小床。莉莉说："床不够。"小娟挑出2个留着长头发的娃娃说："她们长大了，天黑了，要睡午觉了。"莉莉说："好的。"然后将3个需要睡觉的娃娃中最大的一个放在中等大小的盒子里。小娟试图把中等大小的娃娃放在最小的盒子里，但放不进去，于是莉莉说："换一换。"然后将最小的娃娃放在了最小的盒子里，中等大的娃娃放在中等大小的盒子里，最大的娃娃放在最大的盒子里。小娟说："娃娃们，好好睡觉吧。"

问题：

（1）从学习与发展的角度，分析上述案例中莉莉和小娟的行为。

（2）这次游戏后，教师应当如何支持莉莉和小娟的学习与发展？

【解析】（1）材料中，幼儿反复尝试，在不断地错误尝试后终于将娃娃们安置好，说明幼儿以直觉行动思维为主。直觉行动思维是在对客体的感知中、在自己与客体相互作用的行为中进行的思维，具有直观性和行动性，缺乏行动的计划性和对行动结果的预见性。教师在教育教学中要注意遵循幼儿思维发展的规律，并多为幼儿提供操作和活动的机会，发展幼儿的思维。

（2）教师要理解现阶段幼儿的学习方式和特点。幼儿的学习是以直接经验为基础，以直觉行动思维为主，在游戏和日常生活中进行。要珍视游戏和生活的独特价值，创设丰富的教育环境，合理安排一日生活，最大限度地支持和满足幼儿通过直接感知、实际操作和亲身体验获取经验的需要，并多为幼儿提供操作和活动的机会，发展幼儿的思维。

2.（2017年下半年幼儿教师资格考试《保教知识与能力》）材料：开学不久，小班王老师就发现：李虎小朋友经常说脏话。虽然老师多次批评，但他还是经常说，甚至影响其他孩子也说脏话。

问题：

（1）请分析李虎及其他幼儿说脏话的可能原因。

（2）王老师可以采取哪些有效的干预措施？

【解析】（1）李虎及其他幼儿说脏话的可能原因：①父母及社会媒体的榜样行为。李虎的家长平时可能经常有说脏话的行为，这样的行为为李虎提供了榜样。幼儿具有很强的模仿性，因此，可能受到家长的影响，李虎养成了说脏话的习惯。另外，有些电影、电视等的主人公说脏话的行为也可能会对李虎产生消极的影响。李虎说脏话的行为必然会影响其他幼儿，幼儿之间的模仿造成其他幼儿也会学着说脏话。②强化。李虎在与其他小朋友交往时，通过说脏话来达到自己的目的。当他成功运用了这种策略控制同伴后，会增加他以后说脏话的频率。另外，李虎说脏话的行为，如果家长采取默认无视的态度，也是对他这种行为的强化。③挫折。攻击性行为产生的直接原因主要是挫折。说脏话属于一种语言攻击，这种类型的攻击也许是因为平时教师的教育方式不当，使得幼儿获得了不公正待遇，最后使幼儿形成了说脏话的习惯。

（2）王老师可以采用如下做法进行干预：①通过专门的教育活动，引导幼儿学习礼貌用语，教会幼儿表达情绪及控制情绪的方式。同时，抓住幼儿爱模仿的特点，向幼儿呈现好的榜样行为，从而帮助幼儿养成懂礼貌、讲礼貌、尊重他人的习惯。②对于李虎说脏话的行为，王老师应先冷静对待。首先，耐心询问李虎说脏话的原因，引导他正确地表达自己的想法。其次，利用班级集体教育的力量，帮助李虎改掉说脏话的习惯。再次，可以让李虎当小小值日生，监督班级其他幼儿不说脏话，从而使李虎养成良好的礼貌用语习惯。③重视家园合作。和李虎的家长沟通，向家长提供科学的育儿方式，同时帮助家长解决自身的问题，做好家园共育，发挥家长的榜样作用，帮助幼儿形成良好的行为习惯。

3.（2017年下半年幼儿教师资格考试《保教知识与能力》）材料：操场上新安装了一个投篮架，幼儿经常在这里玩投篮游戏。一天，几个幼儿带着笔刷和水桶来到这里，他们先是快乐地粉刷投篮架，之后开始往篮筐里灌水，有的从上面灌，有的从下面灌，再灌，再接……相互配合，反反复复，忙得不亦乐乎。

问题：是否应支持这些幼儿的行为？请说明理由。

【解析】教师应该支持幼儿的游戏活动。具体理由如下：①游戏应该是非强制性的，被迫的游戏就不再是游戏了。儿童之所以游戏，是出于自发、自愿的需要，游戏给他们带来欢乐。材料中幼儿的游戏不是成人强制的，而是自发出现的。幼儿在游戏中反反复复、忙得不亦乐乎，整个游戏的过程伴随着愉悦的情绪。②幼儿天生的好奇心，使他们对生活中的一切都要看、要摸、要问，幼儿的这种自发探究倾向是一种由内部发展需要而引起的活动，游戏能使幼儿获得经验和满足。案例中，幼儿自发地拿着笔刷与水桶对篮球架的其他功能与用途进行积极的探索，这一自发的探究行为正是幼儿好奇、好问、好动、好玩天性的体现。因此，教师应尊重幼儿身心发展的特点，保护幼儿的天性并给予合理的引导。③教师应尽量满足儿童游戏的各种需要，从物质上和精神上给儿童予以支持，推动游戏不断地向更高水平迈进。案例中幼儿能够相互配合，共同进行。说明幼儿的合作能力在游戏中得到了发展，教师可以通过引导幼儿讨论或者通过增加多种材料的方式继续推动幼儿游戏向更高水平迈进。④幼儿园以活动为中介，通过各种活动促进儿童的发展。教师可以通过一日活动或游戏等多种形式活动的开展使幼儿身心得到全面的发展，本例中幼儿的行为就是教学外的一种积极的情绪体验与科学探究精神的萌芽，对此教师应给予精心的呵护。综上所述，教师应支持幼儿的游戏活动，并通过游戏促进幼儿认知、社会性、情绪情感、智力等方面的发展。

4.（2018年上半年幼儿教师资格考试《保教知识与能力》）材料：李老师第一次带班，她发现中班幼儿比小班幼儿更喜欢告状。教研活动时，大班教师告诉她说中班幼儿确实更喜欢告状，但到了大班，告状行为就会明显减少。

问题：

（1）请分析中班幼儿喜欢告状的可能原因。

（2）请分析大班幼儿告状行为减少的可能原因。

【解析】（1）中班幼儿由于道德感发展、希望引起教师关注、语言发展不完善、独立解决问题的能力较差等原因，导致经常出现告状行为。①道德感是幼儿评价自己或其他幼儿的行为是否符合社会道德行为标准时所产生的内心体验，幼儿告状行为最主要的原因即中班幼儿道德感的发展。中班幼儿已经比较明显地掌握了一些概括化的道德标准，中班幼儿会因为自己在活动中遵守老师的要求而产生快乐。此阶段幼儿关心自己的行为是否符合道德标准，同时也开始关注其他幼儿的行为是否符合道德标准，并由此产生相应的情感。当幼儿认为同伴的行为不符合道德标准时，即会出现材料中所述的告状行为。②中班幼儿爱告状也有可能是为了引起教师的关注，吸引教师的注意力。在幼儿园里，幼儿向教师传达信息的方式，一般都是告状，从而在告状中引起老师的注意，表达他们的想法，以得到他们想要的某种结果。③中班幼儿的年龄大多在4～5岁，此时他们的思维具有自我中心化的特点，在考虑问题时总是先考虑自己的感受，维护自己的利益，不能理解别人的心情，遇到事情不能清楚地表达自己的想法，不能友好地和同伴讲话、解决矛盾，往往要通过告状来解决问题。

（2）大班幼儿告状行为减少，原因有如下几方面：①大班幼儿的道德感有了进一步发展和复杂化。他们对好与坏、好人与坏人有鲜明的不同感情。在这个年龄，爱小朋友、爱集体等情感已经有了一定的稳定性。所以相比小、中班幼儿，大班幼儿的告状行为有所减少。②幼儿的羞愧感或内疚感也开始发展起来，特别是愧疚感从幼儿期中期开始明显发展，幼儿对自己出现的错误行为会感到羞愧，致使告状行为有所减少。③大班幼儿的独立性有所发展，不再单纯地依赖老师去解决问题，而是能够和同伴相互协商解决问题。综上所述，教师可以通过游戏和日常生活培养幼儿对是非的判断能力和评价能力，提高幼儿独立处理问题的能力，使他们的独立性不断增强，减少幼儿的犯错行为，各种告状行为自然而然就减少了。

5.(2016年上半年幼儿教师资格考试《保教知识与能力》)材料:3岁的阳阳从小跟奶奶生活在一起。刚上幼儿园时,奶奶每次送他到幼儿园准备离开时,阳阳总是又哭又闹。当奶奶的身影消失后,阳阳很快就平静下来,并能与小朋友们高兴地玩。由于担心,奶奶每次走后又折返回来,阳阳再次看到奶奶时,又立刻抓住奶奶的手,哭泣起来。

问题:针对上述现象,请结合材料进行分析:

(1)阳阳的行为反映了幼儿情绪的哪些特点?

(2)阳阳奶奶的担心是否必要?教师该如何引导?

【解析】(1)幼儿的情绪特点:第一,情境性;第二,外显性;第三,易变性。

(2)第一,奶奶的担心没有必要。第二,教师可指导奶奶这样做:向奶奶解释阳阳初次上幼儿园的分离焦虑情绪是正常的;告知奶奶在其离开幼儿园后阳阳在园的良好表现,以缓和奶奶的担心与焦虑;让奶奶知道她频繁折回幼儿园的害处,并提出配合幼儿园教育培养阳阳独立性的建议。

6.(2016年上半年幼儿教师资格考试《综合素质》)材料:托班幼儿园吃饭时普遍存在以下情况:不肯张嘴或不肯咀嚼吞咽。为解决这个问题,张老师想了很多办法。一天中午吃饭时,张老师端了一碗饭菜,边示范边夸张地说:"我是大老虎,嘴巴张得大,牙齿咬得快,一会儿饭菜吃光光!"鼓励幼儿和老师一样做"大老虎"。在进餐巡视时,张老师一会儿对吃得快的宝宝说:"嗯,原来这里有一只大老虎,我喜欢你!"一会儿又走到另外一个宝宝身边说:"这只老虎吃得真香啊!"有时还在"大老虎"身上贴个贴纸……慢慢地,幼儿爱吃饭了,也会吃饭了,把饭含在嘴里的现象明显减少了。

张老师还发现,每次吃饭璐璐还习惯用手擦嘴巴,所以吃完饭后,她的衣袖上总是沾有很多菜汁。一天吃鸡腿,张老师特意在璐璐的桌子上放了一条干净的小毛巾,让璐璐记得将沾满油腻的小手在毛巾上擦一擦,所以那天璐璐的衣袖很干净。从那以后,每到吃饭时张老师总会给璐璐准备一条毛巾,璐璐养成了随时用毛巾擦拭嘴和手的习惯,衣袖总是干干净净的。

问题:请结合材料,从教育观的角度分析张老师的教育行为。

【解析】张老师的行为符合素质教育观,值得肯定。首先,根据幼儿年龄特点,把握幼儿学习的直观形象性和游戏性特点。材料中张老师为了让幼儿养成好好吃饭的习惯,自己进行示范,让学生模仿,并辅助小动物角色扮演的方式,增加幼儿自己动手吃饭的机会,鼓励幼儿克服困难,培养幼儿良好的品质,激发幼儿的主动性与积极性。其次,张老师的行为体现了幼儿教育的生活性与细致性特点，寓教育于一日生活中。张老师采用各种教育方法，从激发幼儿大口吃饭的兴趣入手，通过强化幼儿正确吃饭的行为，使幼儿主动、活泼、愉快地吃饭，培养幼儿良好的行为习惯。再次，张老师热爱幼儿，注重幼儿良好习惯的养成。材料中的璐璐吃饭容易弄脏小手和衣服，张老师有针对性地教璐璐养成用毛巾擦嘴和手的习惯，体现了针对不同幼儿采取不同方式进行良好习惯的培养。总之，张老师的行为促进了幼儿主动、活泼地发展，通过实践活动培养了学生的良好习惯，很好地贯彻了素质教育的教育观。

7.(2015年下半年幼儿教师资格考试《保教知识与能力》)材料：小班入园第二周，王老师发现小雅在餐点与运动后，仍会哭着要找妈妈，老师抱她，感觉她身体绷得很紧，问她要不要去小便，她摇头。老师又问："要不要去大便？"她点头。老师牵她到卫生间，她只拉了一点就离开了。过了一会儿，她又哭了。老师给她新玩具和她一起玩游戏，但她的情绪还是不好。离园时，老师与她妈妈约谈，了解到小雅在幼儿园拉不出大便。

第二天早操后，小雅又哭了，老师蹲下轻声问："小雅是想上厕所了吗？"她点头。老师带她去上厕所，她又只拉了一点就站起来。"老师陪你多蹲一会儿，把大便都拉出来，好吗？"小雅又蹲下，但频频回头。这时，自动冲厕水箱的水"哗"的一声冲水，小雅"哇哇"大哭，扑到老师身上。老师紧紧地抱住她，轻柔地说："老师抱着你，好吗？"老师将水箱龙头关小，把小雅抱到离冲水远一点的位置蹲下，小雅顺利拉完大便。连续一段时间，老师们轮流陪小雅上厕所，并指导她观察、了解水箱装满水会自动冲水清洁厕所。小雅渐渐地适应了幼儿园的厕所，笑容回到了脸上。

问题：请分析上述材料中教师的适宜行为。

【解析】《幼儿园教育指导纲要（试行）》提出"教师应成为幼儿学习活动的支持者、合作者、引导者。"材料中教师的行为贯彻了《幼儿园教育指导纲要（试行）》对教师角色的要求，具体体现在以下几方面。

(1)以关怀、接纳、尊重的态度和幼儿交往，及时关注到幼儿的特殊需要。材料中，以观察为依据，当发现小雅的异常行为时，老师亲切地与她沟通，帮助她舒缓情绪，从而发现了小雅要拉大便的需求。在小雅大便完后，教师仍持续关注其行为和情感的反应，体现了教师对幼儿的关爱。

(2)重视家庭的作用，与家庭密切配合促进幼儿的健康发展。家庭是幼儿园重要的合作伙伴，材料中，王老师在离园时主动与小雅的妈妈交谈，将小雅在园中的表现明确告知，从而得知了小雅存在的困难。体现出王老师主动沟通，积极解决问题的意识。

（3）关注幼儿在活动中的表现与反应，敏感地觉察他们的情绪，以适当的方式加以疏导。材料中小雅对自动冲厕水箱的冲水声产生了恐惧情绪，王老师在觉察到这种情绪后，用轻柔的语气与小雅交流的同时，将其抱到远离冲水箱的位置蹲下，缓解了小雅的恐惧情绪，之后的一段时间，老师轮流陪伴小雅上厕所，并帮助她了解水箱的冲水原理，最终帮助小雅适应了幼儿园的厕所。这体现出教师敏锐的观察能力和对幼儿细致入微的照顾。

总体而言，材料中的教师能及时关注幼儿的需要，并为其创设安全、愉快、宽松的环境，让孩子在幼儿园生活中感到了温暖与包容，进一步促进了幼儿适应能力的发展。

真题模拟

1. 3岁的小明上床睡觉前非要吃糖不可，妈妈一个劲儿地向他解释睡觉前不能吃糖的道理，可是小明一看妈妈不允许，就用高八度的嗓门哭起来。妈妈生气地说："再哭，我打你！"小明不但没有停止哭叫，反而情绪更加激动，干脆在床上打起了滚。

请结合以上案例分析幼儿情绪表现的特点以及如何帮助幼儿调节不良情绪。

2. 3岁左右的儿童常常表现出各种反抗行为或执拗行为，不再像以前那样听话了，一有机会便要采取独立的行动。比如，儿童往往要求自己穿衣、吃饭，爱说"不"；或者不让其动手却偏用手去摸，不知什么叫危险，什么叫不行。如果受到成人预先限制或强行制止，儿童就会表现出情绪烦躁或反抗。

（1）这个案例说明此时儿童心理发展处于什么阶段？其主要的心理特征是什么？

（2）成人正确的做法是什么？

3. 阅读下面材料，回答问题。

亮亮喜欢打人，经常有小朋友因此找王老师告状。这一天，小朋友们正坐在餐厅等待吃饭时，明明经过亮亮身边，顺手戳了亮亮一下，亮亮还手打了明明一下。这时，王老师经过，看见亮亮打人，一把抓住他，用力狠狠地戳他的头，推得他直摇晃，并生气地说："看你还打人！"见到此情景，小朋友纷纷数落亮亮曾经打了自己，王老师听后更生气了，她用力拍打亮亮的肩膀，同时生气地大声吼道："你真是讨人嫌！"

请从教师职业理念的角度谈谈你对案例中教师行为的看法。

4. 请按要求分析下列材料《真拿家长没办法》。

星期一，A老师埋怨地说："孩子在家过了一个双休日，再回到幼儿园后，许多良好的行为习惯就退步了，不认真吃饭，乱扔东西，活动时喜欢说话，真不知孩子在家时，家长是怎么教育的！"站在一旁的B老师颇有同感地说："是啊，如果家长都能按我们的要求去教育孩子，我们的工作就好做多了！"A老师接着说："可这些家长不按我们的要求去做倒也罢了，还经常给我们提这样那样的意见，好像我们当老师的还不如他们懂得多，真拿这些家长没有办法……"

请你运用幼儿园与家庭相互配合的有关理论，分析和评价A、B老师的教育观点，并具体谈谈家园合作对幼儿发展的重要意义与目前存在的误区。

5. 有位教师在带领幼儿散步时，听到几个孩子的如下对话：

甲：嘿，告诉你，小慧的爸爸妈妈是瞎子。

乙：他们上街要用棍子？

甲回过头去问小慧：你爸爸妈妈是不是瞎子？

慧：不是瞎子，是盲人。

甲、乙：是瞎子，就是瞎子。

慧：不是瞎子，是盲人，就是盲人。

这时好几个孩子都插进来，七嘴八舌地叫嚷：小慧的爸爸妈妈都是瞎子，都是瞎子。小慧顿时露出痛苦的表情，哭了起来。

请结合以上案例，谈谈幼儿教师应通过哪些方法了解幼儿心理。

真题模拟参考答案

1.【答案】幼儿的情绪表现出以下几个特点:(1)情境、外部性。即随外部情境、条件的变化而变化,或者减弱或加剧。(2)激动、冲动性。即高兴时会马上手舞足蹈、笑逐颜开;愤怒时会马上咬牙切齿、暴跳如雷。(3)暂时性。即指某种情绪的持续时间不会太长,就是大人不管他,到一定时间后,这种情绪也会变化的。(4)与生理需要有关。特别是在婴儿时期更为明显,饥饿与身体不舒适时就会哭,吃奶时就会笑。2~3 岁的幼儿也会常常因为生理需要得不到满足而情绪表现不好。

帮助幼儿调节不良情绪有以下几种方法:(1)转移法。转移幼儿注意,化抱怨为幽默。(2)冷却法。暂时置之不理,没有"观众"看戏,"演员"也会无趣。(3)想象和暗示法。通过树立榜样的方法,如故事中的人物,来帮助幼儿克服不良情绪情感。(4)情绪的宣泄。每一个幼儿在生活中都可能遇到冲突、挫折,而表现出不良情绪反应,成人应给予幼儿情绪发泄的机会。唱歌、游戏、运动是情绪宣泄、疏导和升华的重要途径。

2.【答案】(1)案例中这个时期的孩子正处于幼儿心理发展的转折期和危机期。其主要的心理特征是:①容易产生强烈的情绪表现;②出现对成人的反抗行为或各种不符合社会行为准则的表现,产生独立性和自我意识。

(2)正确做法:成人不能够对儿童的行为预先限制或强行制止,注意教育技巧,防止形成对立,否则儿童就会表现出情绪烦躁或反抗,容易使儿童形成执拗性格或是懒惰、依赖思想,无独立愿望的人格。成人要在确保儿童安全的前提下,发展其独立性,并指导其学会正确的方法。

3.【答案】王老师的教育行为是不恰当的,没有体现"以育人为本"的儿童观。

首先,王老师没有用发展的眼光看待亮亮的行为,只是看到亮亮动手打人就用亮亮之前的行为来解释,而不会考虑这次事出有因。

其次,王老师没有尊重儿童的独立性,没有把亮亮看成具有独立人格的人和权利的主体。王老师"狠狠地戳亮亮的头","大声吼"亮亮,说亮亮"讨人嫌"等都侵犯了儿童的权利和尊严。教师甚至使用打亮亮这种体罚方式,不仅违反了相关法律法规，也成为幼儿行为的不良示范。

最后，王老师应该考虑到儿童的独特性，意识到亮亮经常打人的行为一定有背后的原因。作为老师应该因人施教，找出亮亮行为的原因，帮助亮亮取得进步。

4.【答案】A、B 两位老师的教育观点都是片面的。

（1）忽略了家园合作中的一致性原则。材料中，A、B 两位老师都以权威自居，只知道给家长布置"任务"，忽略了教育影响方向的一致性。幼儿园应帮助家长树立正确的合作观念和意识，引导家长了解家庭教育的主要内容，指导家长掌握科学的教育方法。

（2）违背了家园合作中的平等性原则。教师与家长在人格上是平等的，不涉及谁主谁从，而材料中的两位老师都在强调家长没有"听老师的话"，没有尊重、倾听家长的意见。幼儿园应该努力营造民主、平等、和谐的合作氛围，学会倾听家长的意见，提高家园合作的针对性和实效性。

（3）缺乏对家长的倾听、沟通与指导。材料中，两位老师单方面地认为是家长没有管教好孩子，这表现出两位老师没有做到倾听家长，没有与他们进行良好、有效的沟通。在《幼儿园工作规程》中指出，幼儿园应当主动与幼儿家庭沟通合作，为家长提供科学育儿宣传指导，帮助家长创设良好的家庭教育环境，共同担负教育幼儿的任务。

这样做的重要意义：

（1）能为幼儿身心健康发展创造良好的条件。幼儿园与家庭密切合作，形成合力，使得幼儿园与家庭对幼儿施加的教育影响在方向上一致。

（2）指导和改进家庭教育。幼儿园老师可以帮助家长树立正确的合作观念和合作意识，帮助家长树立正确的幼儿教育观念，引导家长了解家庭教育的主要内容，指导家长掌握科学的教育方法，从而实现家园教育的一致性。

教师存在的误区：

（1）教师容易以权威自居，认为大部分家长不懂教育。

（2）家长与教师各司其职，这就造成教师与家长的教育观念和方法脱节。

（3）幼儿园与家长之间缺乏沟通和交流。

5.【答案】幼儿教师必须主动掌握了解幼儿心理的方法，用科学的方法去研究和了解幼儿心理，以达到事半功倍的效果。了解幼儿心理的方法主要包括以下几种。

（1）观察法。研究幼儿心理的方法很多，其中基本的方法是观察法。观察法，就是有目的、有计划地观察学前儿童在日常生活、游戏、学习和劳动中的表现，包括其语言、表情和行为，并根据观察结果分析幼儿心理发展的规律和特点。观察法包括自然观察法、干预性观察法和间接观察法。自然观察法是严格意义的观察，是在完全不改变幼儿日常生活，不附加任何条件的情况下，对幼儿直接进行观察。干预性观察法仍然是使幼儿处于自然状态，只是根据观察目的，改变幼儿日常生活中的某些条件，或采取某种方法诱发幼儿的心理活动，观察其表现。自然观察法和干预性观察法都属于直接观察法，即研究者亲自对幼儿进行观察。研究者还可以用间接观察法，即通过与幼儿接触较多的人来了解幼儿的心理。间接观察法有：调查访问法、问卷法、作品分析法等。

（2）自然实验法。自然实验法又称实验观察法，是心理学上观察法和实验法的结合。自然实验法就是在日常生活环境下，在儿童的日常生活活动、游戏、学习和劳动等正常活动中进行干预性观察。这样，幼儿表现自然，研究者又可以按研究任务控制幼儿心理活动的产生和进行。这种方法既与观察法接近，又是实验方法，兼有二者的优点，是最常用的方法。

（3）谈话法。谈话法是通过和幼儿交谈，研究他们的心理活动。心理学上的谈话法和日常谈话的区别在于，谈话必须有明确的目的，甚至准备好谈话提纲，以达到获取必要的信息的目的。

（4）调查访问法。调查访问法是一种间接观察法，是研究者通过幼儿的家长、教师或其他熟悉幼儿的成人，去了解该幼儿心理表现的一种方法。调查访问必须有充分的准备，拟定调查提纲。最好事先让被访人了解调查意图和内容。调查访问法的不足之处是被调查人的报告往往依据回忆而提出，因而不十分准确。另外，被调查人所介绍的情况常常受个人偏见及态度的影响。

了解和研究幼儿心理的方法很多，以上介绍的是常用的几种。题中案例是儿童生活中的一件小事，由于这位教师比较细心地观察幼儿的言谈和行动，而及时地了解到幼儿的心理。她了解到小朋友们对“瞎子”的好奇心，以及对不幸者不懂得去同情的态度。只要及时了解孩子，就能够抓住苗头，因势利导地做好教育工作。

参考文献

[1]Dorothy H. Cohen，Virginia Stern，Nancy Balaban，等. 幼儿行为的观察与记录：第5版[M]. 马燕，马希武，译. 北京：中国轻工业出版社，2013.

[2]Eva Essa. 幼儿问题行为的识别与应对（教师篇）：第6版[M]. 王玲艳，张凤，刘昊，译. 北京：中国轻工业出版社，2011.

[3]阿诺德·格塞尔，弗朗斯·L. 伊尔克. 现代文明中的婴幼儿：儿童行为和人格培养指南[M]. 桑标，胡经纬，程琛，译. 上海：上海人民出版社，2015.

[4]Janice J. Beaty. 幼儿发展的观察与评价：第7版[M]. 郑福明，费广洪，译. 北京：高等教育出版社，2011.

[5]乔·L. 佛罗斯特，苏·C. 沃瑟姆，斯图尔特·赖费尔. 游戏与儿童发展：第4版[M]. 唐晓娟，张胤，史明洁，译. 北京：机械工业出版社，2015.

[6]罗杰·R. 霍克. 改变心理学的40项研究[M]. 白学军，等，译. 北京：中国人民大学出版社，2015.

[7]卡洛琳·爱德华兹，莱拉·甘第尼，乔治·福尔曼. 儿童的一百种语言：转型时期的瑞吉欧·艾米利亚经验[M].3版. 尹坚勤，王坚红，沈尹婧，译. 南京：南京师范大学出版社，2014.

[8]沃伦·R. 本特森. 观察儿童——儿童行为观察记录指南：第2版[M]. 于开莲，王银玲，译. 北京：人民教育出版社，2016.

[9]蒙台梭利. 童年的秘密[M]. 刘莹，译. 杭州：浙江工商大学出版社，2018.

[10]Carole Sharman，Wendy Cross，Diana Vennis. 观察儿童：实践操作指南：第3版[M]. 单敏月，王晓平，译. 上海：华东师范大学出版社，2008.

[11]蔡春美，等. 幼儿行为观察与记录[M]. 上海：华东师范大学出版社，2013.

[12]陈文娟. 学习故事：冰冰的改变[J]. 福建教育，2015（38）：32.

[13]陈向明. 质的研究方法与社会科学研究[M]. 北京：教育科学出版社，2000.

[14]陈英和，李慧．在获得和失去情境中儿童风险决策的发展特点[J]. 心理科学，2008，31(5):1031–1034.

[15]董奇，林崇德．中国儿童青少年心理发育标准化测验简介[M]. 北京：科学出版社，2011.

[16]方向苹．别让孩子伤在童年：探寻孩子行为背后的心理[M]. 北京：中国纺织出版社，2016.

[17]何慧华．幼儿行为观察与评估[M]. 北京：中国人民大学出版社，2018.

[18]侯素雯，林建华．幼儿行为观察与指导这样做[M]. 上海：华东师范大学出版社，2014.

[19]胡惠闵，郭良菁．幼儿园教育评价[M]. 上海：华东师范大学出版社，2009.

[20]贾容韬，贾毅．改变孩子先改变自己[M]. 北京：作家出版社，2013.

[21]姜凤华．教育研究的定量分析方法[J]. 中国教育学刊，1997(5)：56–58.

[22]金晓梅．幼儿艺术教育与活动指导[M]. 武汉：武汉大学出版社，2015.

[23]李季湄，冯晓霞．《3—6岁儿童学习与发展指南》解读[M]. 北京：人民教育出版，2013.

[24]李晓巍．幼儿行为观察与案例[M]. 上海：华东师范大学出版社，2017.

[25]林黎佳．欣赏每一个孩子的成长[J]. 幼儿教育，2015(Z4):76–77.

[26]柳剑．幼儿教师运用观察记录法中存在的问题与对策研究[D]. 长春：东北师范大学，2009.

[27]柳茹．师幼互动中的教师适宜应答策略研究[M]. 北京：教育科学出版社，2014.

[28]Sheila Riddall-Leech. 观察：走进儿童的世界[M]. 潘月娟，王艳云，译．北京：北京师范大学出版社，2008.

[29]潘月娟．学前儿童观察与评价[M]. 北京：北京师范大学出版社，2015.

[30]施燕，章丽．幼儿行为观察与记录[M]. 上海：华东师范大学出版社，2015.

[31]汪伟伟，胥兴春．幼儿寻求教师关注的问题表现、成因及对策[J]. 天津市教科院学报，2015(1):81–83.

[32]王烨芳．学前儿童行为观察与分析[M]. 南京：江苏教育出版社，2012.

[33]王银杰．儿童行为心理学[M]. 北京：当代世界出版社，2018.

[34]施燕，韩春红. 学前儿童行为观察[M]. 上海：华东师范大学出版社，2011.

[35]夏靖. 轶事记录法在幼儿评价中的应用[J]. 学前教育研究，2003（Z1）：50-52.

[36]原晋霞. 幼儿园集体教学活动研究——幼儿参与的视角[D]. 南京:南京师范大学，2008.

[37]昝飞. 行为矫正技术[M].2版. 北京：中国轻工业出版社，2012.

[38]中国社会科学院语言研究所词典编辑室. 现代汉语词典[W].7版. 北京：商务印书馆，2016.